高职高专旅游专业“互联网+”创新规划教材

宴会设计与统筹

主　编　王　敏
副主编　安　宁　陈　金
参　编　王莎莎　张云涛　王　洋

内 容 简 介

本书是旅游（酒店）管理专业高职高专教学改革教材。宴会设计与统筹课程是高等教育酒店管理专业学生必修的专业课之一。全书分为 4 部分：第 1 章宴会认知，第 2 章宴会设计策划，第 3 章宴会统筹管理，第 4 章主题宴会设计。本书注重培养学生及酒店从业人员的宴会设计与统筹能力，以提高宴会设计能力为目标，通过任务引领的形式来编写教材内容。

本书既可作为高等专科院校、高等职业院校、成人高等教育等酒店管理专业及相关专业学生的教材，也可作为社会从业人员的业务参考书及培训用书。

图书在版编目(CIP)数据

宴会设计与统筹/王敏主编. —北京：北京大学出版社，2016.6
（高职高专旅游专业“互联网+”创新规划教材）
ISBN 978-7-301-27139-1

Ⅰ. ①宴… Ⅱ. ①王… Ⅲ. ①宴会—设计—高等职业教育—教材 Ⅳ. ①TS972.32

中国版本图书馆 CIP 数据核字（2016）第 105854 号

书　　名 宴会设计与统筹
YANHUI SHEJI YU TONGCHOU
著作责任者 王　敏　主编
策 划 编 辑 刘国明
责 任 编 辑 李瑞芳
数 字 编 辑 陈颖颖
标 准 书 号 ISBN 978-7-301-27139-1
出 版 发 行 北京大学出版社
地　　址 北京市海淀区成府路 205 号　100871
网　　址 http://www.pup.cn　新浪微博：@北京大学出版社
电 子 信 箱 pup_6@163.com
电　　话 邮购部 62752015　发行部 62750672　编辑部 62750667
印 刷 者 三河市博文印刷有限公司
经 销 者 新华书店
787 毫米×1092 毫米　16 开本　13 印张　303 千字
2016 年 6 月第 1 版　　2020 年 1 月第 3 次印刷
定　　价 29.00 元

前言
Preface

随着世界经济的发展与交流，在现代社会中，宴会的作用也越来越明显，并且成为社交活动中常见的形式之一。对于餐饮企业来说，宴会一方面能带来可观的经济效益，是企业营业收入的重要来源；另一方面能提高餐饮企业的管理和服务水平，从而扩大企业的知名度和美誉度。因此，宴会的组织、设计、服务、管理水平的高低是一个饭店经营水平的直接体现。而宴会服务的系统性、规范性和灵活性对工作人员提出了更高的要求，宴会工作人员只有针对客人的需求，不断地进行理论学习和实践总结，才能跟上酒店行业发展的变化。

宴会设计与统筹课程是高等教育酒店管理专业学生必修的专业课之一。本书在项目设计和编写的过程中，以宴会设计与服务工作过程为教学逻辑主线，以模拟真实工作任务、酒店岗位实践为教学模式设计并实施宴会设计与统筹学习领域的知识。本书“以能力为本位，以学生为中心”，教学形式灵活多样，鉴定方法丰富多彩，以实践教学的形式加强学生动手、动口、动脑能力；既注重理论知识的学习，又强调实践技能的掌握，并把素质教育和创新教育贯穿始终，增强了学生的就业竞争力；注重学生基本素质的培养，使学生具有较强的分析问题、解决问题的能力及酒店从业人员的综合职业能力。

本书充分结合我国酒店行业及庆典公司发展的实际情况，对宴会设计与统筹在设计、策划、管理、销售和实践过程中理论与实务的应用进行了阐述，内容系统、全面、丰富，信息量大，体例新颖，对酒店行业和庆典公司的经营管理具有较强的指导意义，是一部科学、实用的高等教育旅游管理专业的优秀教材。与同类教材相比，本书具有以下特点。

1. 基于工作过程设计的特色学习资源

根据宴会的特点，为学生设计了“宴会厅服务岗位职责”“宴会案例解析”等内容，丰富学生的学习内容，最大限度地为学生提供相关资源。教学材料的组织以宴会设计与服务的具体知识为目标，以完整的宴会工作过程为线索，依据资讯、计划、决策、实施、检查、评价的6步工作法设计整个课程的教学过程。

2. 任务驱动教学

以宴会设计与统筹的实际工作任务为引领，通过专题教学和项目实践活动的开展与实施，使学生掌握现代宴会设计与统筹的基本理论，熟悉宴会设计与统筹的基本程序和方法，具有实践操作技能，并能胜任酒店的宴会服务与基层管理工作。通过任务驱动教学，培养学生良好的职业道德素养以及学习与创新能力，为学生的可持续发展奠定基础。

3. 能力本位，注重创新

“以能力为本位，以学生为中心”，教学形式灵活多样，既注重理论知识的学习，又强调实践技能的培训，并把素质教育和创新教育贯穿始终，增强了学生的就业竞争力；注重学生基本素质的培养，使学生具有较强的分析问题和解决问题的能力，并具有进一步学习和深造的潜力。

preface

本书由王敏担任主编，安宁、陈金担任副主编，王莎莎、张云涛、王洋参与了编写。本书的出版是众多领导、专家、朋友帮助的结果，衷心感谢长春职业技术学院的领导与同事，感谢职业餐饮网总经理王彬给予的帮助和指导，感谢北京大学出版社编辑的辛勤劳动。在本书的编写过程中，参考了许多同仁的观点和已出版的教材，在此深表感谢！

由于时间紧迫，任务繁重，以及编写水平的限制，书中难免有一些疏漏、欠妥之处，真诚希望得到专家、同行和读者的批评、指正。

编　者

2015 年 11 月

目录
Contents

1 Chapter 宴会认知

2 Chapter 宴会设计策划

3 Chapter 宴会统筹管理

4 Chapter 主题宴会设计

Chapter 1

宴 会 认 知

【学习任务】

- 了解宴会的内涵
- 了解宴会的起源与演变
- 掌握宴会的特点与作用
- 掌握我国宴会的改革与创新
- 了解宴会的分类与内容
- 分析宴会的发展趋势

【知识导读】

宴会作为人与人之间的社交活动形式，在人类社会中的存在是正常和必要的，也是一个国家物质生产发展和精神文明程度的重要标志之一。随着经济的发展，人们生活条件的改变，以及国内、国际交流日益频繁，宴会越来越受到人们的重视和利用，宴会频繁地出现在社会生活的各个方面，也是大势所趋。因此，研究宴会设计和统筹理论与知识，研究宴会的新情况、新问题和发展的新趋势，对指导餐饮企业及其他饮食服务机构具有现实的参考价值。

【内容安排】

- 走近宴会
- 认识宴会
- 熟悉宴会设计

1.1 走近宴会

有一个法国政府参观团第一次到中国考察，每到一个城市，当地政府都用中国传统宴会形式招待他们。他们吃遍了中国的美味佳肴，领略了各地风俗人情，深感中国不愧是礼仪之邦，烹饪王国。有一天，参观团中有一位记者好奇地连问服务员三个问题：中国古代皇帝举办宴会吃的是什么菜？宴会的形式及规格与现代宴会有什么不同？每次宴会安排很多菜肴，吃不完你们怎么处理呢？这三个问题服务员无法应答，只能说："我请我们的领导来回答您的问题。"如果那位记者问你的话，你能回答他提出的问题吗？

◎ 深度学习

1.1.1 宴会的起源与演变过程

1. 宴会的定义

宴会是因习俗或社交礼仪需要而举行的宴饮聚会，又称筵席、筵宴、酒席，是社交与饮食结合的一种形式。具体而言，就是政府机关、社会团体、企事业单位或个人为了表示欢迎、答谢、祝贺等社交目的以及庆贺重大节日而举行的一种隆重、正式的饮食活动。现代社会生活中已离不开宴会，人们通过宴会，不仅获得饮食艺术的享受，而且可增进人际交往。可以说，现代宴会是最高级的餐饮形式，也是饮食文化的综合表现形式。

宴会上的一整套菜肴席面称为筵席，由于筵席是宴会的核心，人们习惯上常将这两个词视为同义词。

知识链接

筵席与宴会

筵席，亦指酒宴时的座位和陈设。五代王定保《唐摭言·散序》："曲江大会比为下第举人，其筵席简率，器皿皆隔山抛之。"清 刘献廷《广阳杂记》卷四："天下无不散之筵席，安能郁郁久居此耶！"曹禺《王昭君》第二幕："方才在王公大臣的筵席上，单于的酒量简直吞下了江海，真是大得惊人！"洪深《劫后桃花》四："那厨房内好些人，正在准备筵席。"赵树理《金字》："那一笔'公事钱'，除了给区长摆了一顿筵席之外，剩下的只买了这么一块缎。"

宴会与筵席不是同一含义，也不可写成“宴会”。宴会则指因习俗或社交礼仪需要而举行的宴饮聚会，又称酒会、筵宴，是社交与饮食结合的一种形式。筵席是宴会上供人们宴饮的酒席，宴会是以餐饮为主要活动内容的聚会。人们通过宴会，不仅获得饮食艺术的享受，而且可增进人际交往。筵席侧重于聚餐的实际内容，即成桌酒席的质与量；而宴会讲究的是聚餐的组织形式，可以一席，也可以多席，而且具有不同的规格与接待礼仪。

2．宴会的起源

宴会的起源久远，可以追溯到社会及宗教发展的朦胧时代。早在农耕时代之前，原始氏族部落就在季节变化的时候举行各种祭祀、典礼仪式。这些仪式往往有聚餐活动。农耕时代开始后，因季节的变换与耕种和收获的关系更加密切，人们也要在规定的日子里举行盛筵，以示庆祝。中国宴会较早的文字记载，见于《周易·需》中的“饮食宴会”。

1）古代祭祀活动是形成宴会雏形的基础

早在远古时期，人们对许多自然现象都不了解，当风雨雷电、洪水猛兽对人类袭击时，人类表现得无能为力，对这些自然现象无法解释。久而久之，就在人类意念中蒙上了神的意识，好像有一种神的力量在支配着人类，于是人类便对这种神产生了崇拜。于是，为求五谷丰登、子孙安泰、战胜外侮、安居乐业，我们的祖先便顶礼神明，产生了原始的祭祀活动。要祭祀，必须准备一些美味的食品，供神灵享用，以表心意。起初，人们祀天神、祭地祇、享祖先，酋长或首领把祭祀的食品分给部族人(后来是君主把祭品分给臣下)食用，家长把享祖的祭物分给亲属食之，称之为“纳福”。这种纳福就是古代宴会的雏形。

2）各种礼制风俗是促进宴会进步的动力

【参考视频】

中国是礼仪之邦，自古非常讲究各种礼节，上自宫廷官府，下至平民百姓，各种礼仪名目繁多，如敬事鬼神有“吉礼”，婚庆喜事有“嘉礼”，男子成年有“冠礼”，女子成年有“笄礼”，孩子出生有“洗礼”，庆贺祝寿有“寿礼”，死亡归葬有“丧礼”等。通常情况下，行礼必要摆宴，如菜肴欠丰，便是礼节不恭，轻者受到耻笑，重者引起争端。因此，古代宴会的形成与古代各种礼俗有着密切的联系。

3）宫室起居是提升宴会规格的条件

【参考图文】

古代宴会多在宫内进行，其形式自然受宫室条件的制约，尤其夏、商、周三代，先民还保持着原始人的穴居遗风，尚无桌椅，以“筵”铺地，“席”为坐具，再由坐具引申为饮宴场所，后出现房屋之后，才有真正意义上的宴会，由于古时餐具以陶罐、铜鼎为主，形似香炉，体积甚大，煮制食物较多，但菜点品种不多，一般一人一鼎，对于德高望重的老人和贵族才能增至三鼎或五鼎。这种宫室起居规定在以后宴会形成过程中关系重大。

【参考视频】

4）节日、节会的出现是传承宴会发展的纽带

人们每年在季节的转换、年岁的更替等一些特别日期，举行的庆祝或纪念活动，这些活动除必要的仪式外，不乏组织群体的聚餐活动，大到一个村落人相聚会餐，小到一个家族的团聚就餐等一系列的饮食活动。其聚餐菜品，形式每年基本相似，这种节日、节会的庆祝和纪念等活动，年复一年，代代相传，逐步形成民俗节日及风俗习惯，它具有一定的传承性、社交性、多人聚餐等宴会的基本特征，也是我国宴会形成和发展的重要成因。

5）烹饪技术的发展是宴会形成和发展的基础

如前所述，宴会是在当生产力发展到一定水平，人与人之间有了社交要求之后才逐渐形成的一种就餐与聚会方式。而烹饪技术正是宴会这种就餐方式形成和发展的基础，没有烹饪技术的发展，也就谈不上宴会的发展。

3．宴会的演变过程

我国的宴会经过几千年的演变，得到了不断发展，大致分为如下几方面。

1）宴会形式上的演变

宴会形式的演变可以追溯到夏代前后，当时并无多大讲究，参加的人员是在半地穴的屋子里围坐而已。到了殷商时期，各代殷王为了祭祀他们的祖先，就用牛鼎、鹿鼎等盛器来盛装祭品。在祭祀完毕，参加者便围在那些装满食物的祭器旁尽情饱餐一顿。

 **知识链接**

夜宴的先河

《礼记·表记》中记载“殷人尊神，率民以事神，先鬼而后礼”，当时奴隶主阶级为了加强统治地位，极力宣传“君权神授”的唯心史观，加剧了古人对神鬼的崇拜，祭礼名目繁多，诸如衣祭、翌祭、侑祭、御祭等。祭祀活动逐步升级，日渐成习，这些祭礼，实际上是一次次宴会。后来殷人逐渐模仿祭祀鬼神的做法来宴请客人，如殷纣王，最为奢侈，根据《史记正义》引《括地志》，纣王当政，荒淫无道，搞起酒池肉林大宴，“使男妇倮，相逐其间，为长夜之饮”，开了夜宴的先河。

到了周朝时期，宴会的形式有了很大的改变，从过去宴会为祭祀而设的惯例，随即出现了许多为活人而设的宴会制度，从过去上至天子，下至庶民一概席地而坐，而出现“大射礼”“乡饮酒礼”“公食大夫礼”等诸多名目，实现宴会边列案制度。这种制度规定，如果进食者身份高贵或是年老者，可以凭食几而食，有的宴会是站着进食的，比如三年举行次“乡饮酒礼”规定：六十岁人才可以坐席而食，而五十岁及以下的人只能站着伺候长者，站着饮食。同时在许多场合设立了献食制度。按规定，贵客和尊主进食，均由自己的妻妾举案献食或用仆从进食，吃一味献一味，一味献毕，再献另一味，汉代孟光举案齐眉的故事，在我国妇孺皆知。至于天子膳食，则由膳夫献食，膳夫要先尝食，目的是表示食物无毒，方可献食于天子。这一制度周秦、两汉、南北朝以来一直如此，成为古代宴会中的一种礼仪规定。

【参考视频】

【参考视频】

隋唐五代时，由席地而食发展至站立凭桌而食。我们的祖先制成了桌椅，将人从跪坐中解放了出来。宴会的席面有了改变，进食由席地而坐，上升为坐椅子或凳子，凭桌而食，席面也随之升高了，筵席的概念有了新的内容，不再代表旧时铺地的坐垫了。到了五代前后宴会形式有了突破性发展，食案有所改变，不再列席，多用作献食捧盘了，便有了木椅，椅背上有靠背椅单，用虎皮之类做成，即叫太师椅。铺在地上筵席，后来也升到了桌上，成了围桌的桌帏，只不过把苇编制品变成了布制品。从此那种席地而宴的不卫生的局面也就结束了。

明清时期，宴会的形式又有很大的改变，明朝时期，有了八仙桌，清代康熙、乾隆年间出现圆桌、团圆桌。清人林兰痴特地记载了扬州园中出现的团桌，他还写了一首诗“一席团桌月印偏，家园无事漫开筵，客来不速无须虑，列坐相看面面园。”由于团桌有方便之处，且利于就餐者平等相会，现在不仅用于民间，而且用于国宴，风行全国，流传四海。宴会随着社会历史的不断发展，宴会的形式也产生了变化，同时也改变了人们不良的饮食习俗，逐渐趋向健康文明的饮食方向发展。

2）宴会规格上的演变

先秦时期宴会并无一定的规格要求。根据《周礼》《礼记》等书的追记，虞舜时代已出现“燕礼”，这是一种敬老宴，每年举行多次，主要慰问本族耆老和外姓长者，其形式是先祭祖，后围坐，吃些狗肉，饮几杯米酒，较为简单。夏朝时敬老之风尚存，但扩大了宴会规模，夏桀当政，追逐四方珍异，宴会渐渐开奢靡之风。殷商时期也不太讲究规格，但殷人嗜酒，奢好群饮，菜品以牛肉等为主，已较前丰富。到了周代才有一定的规格制度，往往以菜品的多少体现森严的等级差别。

【参考图文】

知识链接

菜单与宴会设计的起源

“天子之豆二十有六，诸公十有六，诸侯十有二，上大夫八。下大夫六。”(见《礼记·礼器》)，有时周天子的饮宴也相当奢侈，他一餐饭必须准备 6 种粮食，6 种牲畜，6 种饮料，8 种珍馐，120 道菜和 120 种酱。一些官宴也大大超过规格，据《仪礼·公食大夫礼》记载，一个诸侯请上大夫赴宴，也有正馔 33 件，加馔 12 件，共有 45 个馔肴。至于“乡饮酒礼”就规定，60 岁的享用 3 道菜。70 岁的享用 4 道菜，80 岁的享用 5 道菜，90 岁的享用 6 道菜等，这大概是后世制定菜单与宴会设计的来历。但到了战国时期，菜肴的数量就没有这么多了。屈原在《招魂》中所描述的一个菜单：主食 4 种，菜品 8 种，点心 4 种和饮料 3 种；《大招》中盼席单列出楚地主食 7 种，菜品 18 种和饮料 4 种。比起周朝时期，菜品数量有些简化。

两汉时期，虽然不是食前方丈，但也不亚于周朝时期的排场，有时菜品有增无减，并且食用的菜品精美得多。从长沙马王堆汉轪侯墓一个食物单显示，共有品类 100 多种(见中国科学院考古所《长沙马王堆一号汉墓》上册)。虽然这些出于墓葬之中，但也反映了墓主人生前的真实生活。

唐宋时期，经济飞速发展，科学文化相当发达，当时的中国是东方最强大的封建国家，来中国传教、学习、贸易等内外交往日益频繁，宴会的规格也进入了一个变革的发展时期，如《镜花缘》中有一段关于宴会的描述：宾主就位之初，除果品外，冷菜10余种，酒过一二巡，则上小盘小碗，少则或4或8，多者10余种至20多种不等，其间上点心1～2道，小吃上完再上正肴，菜既奇丰，碗亦奇大，或8至10余种不等。另有唐中宗时期出现大臣拜官后，向皇帝进献烧尾宴的惯例，如唐代韦巨源招待唐天子的烧尾宴。用了58种珍肴(见北宋陶穀《清异录·馔羞门》)。到了南宋绍兴二十一年(1151年)，清河郡王张俊接待宋高宗及随员，便按职位高低攫出6种席面，不仅皇帝计有250件肴馔，就连侍卫也是“各食5味”，每人羊肉1斤，馒头50个，好酒1瓶(见《武林旧事》卷9)。唐宋御宴，不仅菜多，桌次也多，赴宴者常常多达数百人；另外，宴会所用食材更为广泛，已从山珍扩大到海味，由家禽扩展到异物，菜肴花式推陈出新。

明清时期，宴会已日趋成熟，无论是餐饮设施、设备，还是菜品、宴会的规格和种类，都集历代之大成者，是前世无法比拟的。从宴会的规模和结构来看，唯有“千叟宴”规模最大，等级最高，耗资最巨。“千叟宴”系清代宫廷为年老重臣和各地贤达耆老举办的宴会。由于参加者人多年长，均60岁以上的男子，每次都超过千人或数千人，故称“千叟宴”。

【参考视频】

【参考视频】

千　叟　宴

清代千叟宴，从康熙到嘉庆先后共举办过四次，即第一次在康熙五十二年三月二十五日和二十七日，两次宴赏65岁以上耆老，人数达2800余人。第二次在康熙六十年正月，皇帝又宴请60岁以上耆老1000余人，分满、汉两批入席。第三次在乾隆皇帝五十年，同参加的耆老共有3000多人。第四次在乾隆六十一年，这次被宴请的群臣耆老达5000多人。到了嘉庆以后，由于财力不足，这种规模盛大的宫廷宴礼，再也不举办了。后来，清代官场中流行一种“满汉全席”规定，满族菜和汉族菜并举，大小菜肴共108件，其中南菜54件，北菜54件，且点菜不在其中，随点随加。有时满汉全席菜肴多达200多种。

到了光绪年间，西太后(慈禧)的生活骄奢，满汉全席菜肴更加丰富精美，一般官宦每逢宴客，也无不以设满汉全席为荣，这对宴会设计及烹调技术的发展起到了一定的促进作用。再如市肆酒楼，饭馆的宴会规格，往往以原料贵贱，碗碟多少，技艺高低来区分档次，既有高档的16碟8簋1点心，也有低档的“三蒸九扣”十大件，还有16碟8大8小，12碟6大6小，重九席、双八席、四喜四全席，五福六寿席等，有的以一桌突出头菜命名，如燕窝席、鱼翅席、熊掌席、海参席等，还有的只准使用一种主料，可变的是辅料、技法与味型的全鸡席、全鸭席、全羊席、全牛席、全猪席、全蟹席等。总之，明清时期的宴会无论是规模，还是规格及种类等都是空前的。

1911年辛亥革命胜利，民国成立，“满汉全席”改为“大汉全席”，菜式也从200多款改为72道，许多满式菜并不入汉席之中，故以后无满汉之分。民国以后，历年军阀混战，民不聊生，满汉全席也逐渐随之消失。菜的数量也大大减少。清末民初，社会上最为流行的8个冷盘，5个大件，另外有进门点心和干果之类，称“5簋8碟”的酒席菜单，也有8个冷盘，8个大件的“八八席”菜单，后来流行的4大拼盘12菜的格局等。

新中国成立以后，宴会在规格及质量上有了很大的变化和改革，菜肴数量有所变化，如社会流行的 4 冷菜 4 热炒，6 大件或 8 大件，也有 6 冷菜 8 大菜，8 冷菜 8 大菜，10 冷菜 6 大菜等不同的格局。一般宴会含冷、热菜、点心、水果等，均控制在 20 个菜品左右，主要根据宴会的对象、价格的高低、宴会主人的习惯来确定菜单。国宴除冷菜外，坚持“四菜一汤”，提倡“三菜一汤”。这同过去封建社会统治阶级那种奢侈浪费，以多为贵、以奇为尚、以豪华为荣的做法，有了根本的区别和改变。

3）宴乐文化上的演变

宴乐文化主要在宴乐进行过程中，伴以音乐、舞蹈或吟诗作画等活动，其目的是增加宴会气氛，提高赴宴者的情绪与食欲。宴乐文化大约出现在殷代，据《史记》记载，纣王当政时期，好淫乐，每次野宴时，在离宫、馆之间，以酒为池，悬肉为林，到处笙歌管弦，深夜不绝，男女三千多人，饮到醉醺醺之时，就举行裸体歌舞，虽是荒淫无道，但可说是原始宴乐文化的雏形。到了西周时期，宴乐基本形成，并且予以制度化，《诗经宾之初筵》云：“宾之初筵，左右秩秩，笾豆有楚，肴核维旅。酒既和旨、饮酒孔偕，钟鼓既设，举酬逸逸。”这种钟鼓齐鸣，其乐融融的饮宴，气氛热烈，进食者食欲大振。

【参考视频】

宋朝时期，在《东京梦华录》卷九记载北宋皇帝的寿筵，场面隆重而热烈，宴乐形式多变而有序，酒敬九巡。佳肴多达三十余道。宴乐种类有十多种，如奏乐唱歌，起舞致敬，演京师百戏、杂剧，琵琶独奏，蹴球表演，四百女童跳采莲舞，摔跤表演等，每饮一酒，上一菜，都有不同的宴乐相配，酒、食、乐彼此相侑，把与筵者的情绪侑至兴奋、极乐的最佳状态。一人祝寿，动用数千人张罗，实属劳民伤财。

明代皇上进御膳，都有规定乐章。明洪武元年制定的《圜丘乐章》中规定进俎时奏《凝和之曲》，彻馔奏《雍和之曲》。到嘉靖年间续定的《天成宴乐章》则规定有《迎膳曲》《进膳曲》《进汤曲》，并且还规定了歌词。这些歌都是为封建帝王歌功颂德，粉饰太平的陈词滥调。一般用于盛大典礼才演奏、演唱，至于平时便宴，曲调临时择定，并无一定程式。

清代封建统治者更加奢侈挥霍，宫廷筵席更加铺张浪费，慈禧太后六旬庆寿期间仅演乐、唱戏两项就支银 52 万两。制办大量乐器，新添蟒袍豹皮褂、虎皮裙、羊皮套、獭皮帽等各类演出服装 2364 件，耗银 40671 两。为此，宴乐已成为统治者奢靡炫耀的手段，也是封建王朝统治没落的主因。

知识链接

古代餐饮中的娱乐

在民间，一般菜馆酒楼歌伎、乐伎或江湖卖唱之人所唱的内容，一般为当时流行的辞曲。如初唐流行王昌龄、王之涣之诗，中唐流行的白居易《长恨歌》《琵琶行》，北宋流行苏东坡《念奴娇 · 赤壁怀古》《水调歌头 · 中秘》等。在古代席间作乐还有投壶、行酒令，与后世抽牙牌行酒令、击鼓传花行酒令等都如出一辙。划拳又是民间宴乐的重要形式，划拳又称豁拳、猜拳，相传始于唐代。由于猜拳的方式适用面较广，简便易行，娱乐性强，因而历代风行不衰，至今仍为某些地区的百姓所喜爱。

新中国成立后，特别是改革开放以来，宴乐活动不断地创新，其内容富有思想性、艺术性与科学性。尤其举办国宴或较高档次的宴会，往往放一些音乐，或者举办一些小型歌舞、相声、杂技表演等文艺活动，目的是显示宴会的隆重，增加宴会的气氛，促进国际交流，了解中国饮食文化。

纵观中国宴会的起源与演变——起源于夏朝，形成于周朝，兴于唐宋，盛于明清，创新于现代。在封建社会里，宴会一般成为王宫贵族、达官显宦、豪绅巨贾们花天酒地、大讲排场、挥霍浪费、纵情享乐的场所，从客观上反映我国历代不同时期的政治、经济、文化等方面的演变状况。随着历史的变迁，宴会从形式、规格及宴乐文化等方面由简至繁，又由繁至简，经历了一个漫长复杂的历程，也促进了我国饮食文化的繁荣发展。

1.1.2 宴会的特点与作用

1. 宴会的特点

宴会不同于日常的就餐形式，在菜品制作方面讲究组合的艺术，在礼仪的表现上注重形式，在宴饮过程中考虑其目的，并具有聚餐式、规格化和社交性三个显著特点。

1）聚餐式的特点

聚餐式是指主人用酒水与菜品来款待聚到一起的众多宾客，这是宴会形式上一个重要特点。我国宴会自古以来都是多人围坐或多桌同室，在愉快的气氛中共同进餐，赴宴者有主宾、随从、主人与陪客之分，其中主宾是宴会的中心人物，常置最显要的位置，随从是主宾带来的客人，伴随主宾，陪客是主人请来陪伴客人的，有半个主人的身份，在劝酒敬菜、交谈、交际、烘托宴会气氛、协助主人待客方面，起着积极的作用，主人是举办宴会的东道主，所以宴会中的一切活动及安排由主人决定。

2）规格化的特点

规格化是指宴会的菜品与服务的过程，这是宴会内容上的一个显著特点。有一定的标准和要求，宴会的规格要求绝对不能同于日常的便餐、快餐及零点餐等。宴会应根据档次的高低，标准的差异，要求全部菜品组合科学、变化有序、仪式程序井然、服务周到、热情。

 **知识链接**

菜 品 组 合

在菜品组合上，有冷菜、热炒、大菜、甜品、汤羹、点心、酒水、水果等，均须按一定的比例和质量要求科学搭配，分类组合，依次推进；在原料选择上，宜选一些有特色的山珍海味、鸡鸭鱼肉，蔬菜水果等；在刀工处理上，每个菜的形状力求不一样，有块、条、丁、片、末、茸等；在烹调方法上，采用炒、爆、烧、烤、炖、焖、煨等多种技法；在味型上有酸、甜、苦、辣、咸、香、鲜等多种味道；在菜肴质感上有香、脆、软、嫩、酥、糯多种口感；在菜肴造型上要形态各异，鲜艳优美，惹人喜爱；在菜肴色泽上要讲究颜色的变化，做到五颜六色；在盛器运用上，有陶瓷、玻璃、漆器、金属等制品制成的盘、碟、碗、盅、锅等；在办宴场景装饰上要结合主题，布置得高雅而注目；在服务程序配合上，要选择有经验的服务人员掌握宴会的节奏，有条不紊地进行，每个细节都要考虑得十分周全，做到万无一失，使参宴者始终保持祥和、欢快、轻松的旋律，给人一种美的享受。

3）社交性的特点

社交性是指宴会的功用，这是宴会在交际方式上的一大特点。自古以来，人们凡遇重大的欢庆盛典、纪念节日、商务洽谈、社交公关等均举行宴会，因为人们在品尝美味佳肴、畅饮琼浆美酒之时，不仅能满足口腹之欲，又能陶冶情操，引发谈兴，起到相互交流、疏通关系、加深了解、增进友谊、解决一些其他场合不容易或不便于解决的问题，从而达到社交的目的。这正是宴会起源与发展几千年以来长盛不衰、普遍受到人们重视，并被广为利用的一个重要原因，当今各国政府举办的国宴，社会团体、单位、公司举办的庆祝宴会、纪念宴会、商务宴会等，民间百姓举办的婚宴、生日宴、答谢宴等都是以宴会这一方式来达到社交的目的，这对繁荣市场经济、增进相互之间的友谊、促进社会和谐发展起到了积极的作用。

【参考图文】

2．宴会的作用

中国的宴会经历了几千年的演变，已形成一整套的规范及礼俗，并因其隆重典雅、精美、热烈而闻名于世，是我国饮食文化中重要的组成部分，也是宾馆、饭店以及餐饮企业收入的主要来源之一，在扩大企业知名度、提高企业内部管理水平等方面，还起到十分重要的作用。

1）增加饭店收入的重要来源

宴会作为人们招待亲朋好友的一种交流或交际工具之一，它以饮食为基础，以服务为保证，给宾主创造一个良好的就餐、交流、畅叙友谊的环境和氛围。有时宴会的主人为了达到某一目的，他们不惜重金举办宴会来招待宾客。餐饮企业为了迎合客人的心愿和要求，在菜单设计、加工制作、服务方式等方面都要精心策划，认真操作，力求提高客人的满意度，目的是把宴会做好，争取操办更多的宴会。

2）扩大饭店声誉的重要途径

宾馆、饭店或餐饮企业能否在一个经营区域或范围有一定的声誉，在很大程度上取决于宴会的组织和经营的好坏，特别是举办一些大、中型的高档宴会，涉及的人数多，范围广，要求高，影响大，管理较复杂，在宴会的菜单设计、货源的组织、餐厅的布局、台面的布置、菜品制作要求、服务的水准等方面，都需要精心策划、精心组织，为客人营造出优雅的就餐环境，制作出美味可口的菜肴，提供优质加惊喜的服务，给客人留下深刻的印象。通过客人的相互介绍及宣传，从而大大提高餐饮企业的形象和声誉。

3）衡量饭店管理水平的重要标志

宴会的组织与管理水平的高低，往往能说明一个饭店管理水平及管理层的工作能力的高低，因为要把一场宴会举办得非常成功，得到主人与主宾的赞扬，必须对宴会过程中每一个环节进行周密的安排和组织，即使是某一个细小方面出现差错，也往往会导致整个宴席的失败，或者留下无法弥补的遗憾。如服务员操作技能培训不到位，一不小心将托盘中的酒水打翻在地，客人受到惊吓，宴会效果必将大打折扣；菜单设计没有针对客人的饮食习惯和风土人情来设计操作，菜肴很不适合客人的口味，其结果是不理想的；宴会进行的节奏快慢不当、灯光音响不理想、餐饮环境欠佳等，这些都会给客人留下坏的印象，直接影响饭店的声誉，甚至会失去市场，缺乏竞争力。所以宴会管理水平的高低，将直接关系到饭店能否生存与发展的问题。

4）提高饭店员工工作水平的重要场所

宴会消费水平高、要求多，接待的层次多种多样，涉及饭店的许多部门，如采购部门要知道一些山珍海味的采购渠道、价格、质量及保管方法等方面的知识；宴会设计师要设计出一张理想的宴会菜单，必须掌握一些原料学、烹饪学、心理学、美学、民俗学、营养学、管理学等方面的知识；厨师平时受成本及菜单的限制，没有机会去创新菜肴，烹调水平不易提高，而宴会由于人均消费水平高，菜肴的花色品种要多，变换要快，促使厨师不断创制新品种，可以提高他们的烹调技术水平。

总之，宴会的作用不但给饭店带来收入和声誉，更重要的是锻炼了饭店的职工队伍，使他们提高了服务技能和操作技能，培养了他们的服务意识和市场意识，提高了管理层的管理水平及宴会的运作能力。

3．宴会的要求

宴会是集饮食、社交、娱乐相结合的一种高级聚餐形式，是菜品科学组合的典范，是烹调工艺的集中反映，是文明礼仪的生动体现。如要保证宴会的成功，必须掌握如下几方面的要求。

1）突出主题

宴会的主题可分两个方面：一方面是举办宴会主题，有婚宴、寿宴、纪念宴、欢迎宴、感谢宴、商务宴等；另一方面是指菜肴的组合要突出主题，是四川菜还是广东菜，是鱼翅席，还是海参席，是中式宴会还是中西合璧宴会等。这两个方面既相互关联，又各有所求。所以我们应根据宴会的主题不同，在菜单设计、宴会厅的布置、服务的程序等方面都要有所区别。

2）有效组织

宴会举办得成功与否，在很大程度上取决于宴会菜单的制订、原料的采购、菜品制作、厅堂的布置、服务的质量等各个环节，都必须考虑得全面而细致。尤其是菜单设计更要周密而科学，如在决定宴会菜肴时，就必须考虑到市场中原料的供求状况、价格高低、厨师的技术力量及服务人员服务水平等方面的因素。

知识链接

宴会菜肴的选择

在菜肴的质与量的配合上，必须遵循“按质论价，优质优价”的原则，宴会标准及价格较高，菜肴选用的原料价格要贵一些，取料、制作时要精细一点；宴会标准及价格较低，选用原料的价格相对要便宜一些，取料、制作时略粗糙一点。但不论宴会是什么样的档次，都必须保证客人吃饱、吃好，还要做好宴会的成本核算，保证一定的毛利率。另外，还要根据客人的年龄、性别、民族、职业、饮食习惯及季节性来制订菜单，做到宴会上每一个菜肴在色、香、味、形、质、器等几方面均不相同，使整桌菜肴的色泽和谐，香味诱人，滋味纯正，造型新颖，器皿多变，使宴会显得丰富多彩，又有节奏感，同时还要注意菜肴的营养搭配，在满足人体所需热能的基础上，要保证人体各种营养素的平衡，严禁有害、有毒及国家明令禁止食用的原料用于宴会菜单上，保证食品安全、卫生、营养，有利于人体的健康。只要我们在菜单的设计、原料的选择、菜肴的制作及前后台紧密的配合方面精心策划，科学组合，有效组织，宴会一定会达到理想的效果。

3）形式典雅

宴会是根据举办者的要求而设计的一种高雅的饮食形式，在满足参宴者食欲的同时，要给人以精神上的享受，为此我们必须抓好如下两个方面的工作。

(1) 抓美食。

宴会菜肴质量的好坏会直接关系到客人的食欲和情绪，所以我们每制作一盘菜肴都要根据客人的喜好精心设计，并且按主人设宴的目的选用因时因景的吉祥菜名，穿插成语典故，寄托诗情画意，如婚宴的菜名选用“百年好合”“龙凤呈祥”“心心相印”等菜名；如是商务宴的菜名可选用“金玉满堂”“鸿运当头”“年年发财”等；还可安排适量的艺术菜，如“孔雀海参”“蝴蝶鱼片”“满园春色”“松鼠鳜鱼”“牡丹大虾”等。这样可以展示烹调技艺，提高客人的食趣。

(2) 抓美境。

【参考图文】

当今人们会参加宴会除享受美食外，还要吃环境、吃文化、吃礼仪，因为就餐环境的好坏，会直接关系到客人的食欲与情绪，为了使宴会的环境更加高雅，并有浓郁的民族风格和文化色彩，往往在餐厅内适当点缀一些古玩、名人字画、花草、灯具等工艺品，或配置一些古色古香的家具、酒具、餐具和茶具等；有些西式宴会，宴会厅内的布置往往按西方的民族风格及生活特点来装饰餐厅，同样给客人耳目一新的感觉。为了增加客人的雅兴，在举办宴会期间，可适当穿插一些文艺节目、音乐、杂技表演等，可烘托宴会气氛，达到以乐侑食的目的，此外，在宴会服务中我们还要注重礼貌用语和礼节服务，正确处理好美食与美器，美食与美境的相互关系，使宴会显得更加高雅，人们的情感更加愉悦，从而给客人留下美好的记忆和印象。

4）注重礼仪

我国传统宴会十分注重礼仪，尽管现代宴会已废除了旧时代的等级制度和繁文缛节，但仍保留着很多健康有益的礼节与仪式。例如，政府举办的各种盛大的招待宴会及外国首脑来华访问的欢迎宴会等，民间举办的婚宴或寿宴等，均预先发送请柬，客人根据请柬所规定的时间、地点赴宴，主人一般在餐厅门前恭候，问安致意，敬烟上茶，意表欢迎，如是重要客人，还必须有专人陪伴。参宴者一般都衣冠整洁，注重仪容修饰，表示对客人的尊重，入席时彼此让座，表情谦恭，谈吐文雅，敬酒杯盏高举。宴会期间相互嘘寒问暖，尊老爱幼，处处女士优先，气氛显得非常融洽。在接待外国来宾和少数民族客人时，也十分尊重他们的饮食习惯和生活习惯，根据他们的宗教信仰、身体素质、爱好与忌讳等状况，从菜单的设计、餐厅的布置、餐具的运用，到服务的方式等，都以客人为中心，全心全意为客人服务，这不仅使客人有宾至如归的愉快感受，而且充分体现了中华民族传统的待客礼节。这些世代传承的文明礼仪对推动我国宴会的发展有着积极的意义，我们必须要发扬光大。

5）敢于创新

随着我国人民生活水平的不断提高，国际交往日益频繁，人们对宴会的要求和对美好生活的追求有了更高的标准，所以宴会要进行大胆改革，不断创新，改变过去菜品陈旧重复、多而浪费，思想性、技艺性、科学性很难协调发展的现象，发扬创新精神，使菜品数量做到少而精，恰到好处；做到思想性、技艺性、科学性的有机结合，打破传统帮派壁垒，做到“古为今用，洋为中用”，广集各菜系之长，不断选用新原料、新调料、新工艺、新设备，做到古菜翻新、新菜复古、中菜西做、西菜中做、菜点结合、土洋结合，使宴会的菜品更具有广泛的民族性、时尚性和科学性。同时在宴会厅的布置、台面的设计、服务的程序、宴乐文化表演等几方面也要不断创新，使宴会更具有人性化、个性化、符合时代发展的特点。

1.1.3 我国宴会的改革与创新

1．宴会的改革

翻开我国历代宴会演变历程，尽管在宴会的形式、规格、赴宴礼仪、格局、菜品、席位等方面都有很大的差异，但我们不难发现其中有许多“遗传基因”，它们同中有异，异中见同，纷繁万状、各具姿色。宴会中蕴藏着中华民族浓郁的文化和精神，也存在着严重的问题和弊端，所以我们必须在继承中吸取其精华，去其糟粕，在宴会改革中必须抓住重点，找出问题，采取措施，保证宴会的改革与时俱进，符合时代发展的要求。

1）宴会改革的重点

(1) 改革宴会的菜品结构。

当今各地宴会菜品结构很不合理，都是荤菜多，素菜少；菜肴多，主食少；越是标准、售价高的宴会，菜肴安排有山珍海味、鸡鸭鱼肉等动物性原料就越多，即使安排一些素菜，也只有 1～2 道，在菜肴与主食的比例上差异也很大。由于宴会菜品结构的不合理，参加宴会者所摄取的脂肪、蛋白质、糖类的量大大超出人体所需的量，而人体所必需的维生素，矿物质又严重缺乏，从而形成人体所需的各种营养素比例严重失调，导致很多人得了“富贵病”，如高血脂、高血糖、高血压等疾病。所以宴会菜品结构的改革势在必行。

(2) 改革宴会的进餐方式。

在五代时，贵族饮宴实行一人一桌一椅的一席制，宴会的进餐方式很符合现代卫生要求。到明清时期出现了八仙桌、团圆桌(圆形桌子)后，人们习惯同桌共食制，宴席中每上一盘菜或一碗汤往往众人齐下筷或在一个碗中盛汤，这样的饮食方式很容易造成传染疾病及细菌的传播。

尽管近几年来对宴会的进餐方式进行了一系列的改革，如自助餐宴会、分食制宴会等，但传统的同桌共食制还是较普遍，这种宴会的进餐方式及传统规矩非改不可。

(3) 改革宴会的消费习俗。

中国宴会经过千百年来的演变，尽管有了很大的变化，但在旧的传统观念影响下，追求菜肴名贵而丰盛，场面奢华而气派的饮食价值观，在人们头脑中根深蒂固，如当今有些地区推出“满汉全席”等，这种以搜奇猎异，以菜品丰盛量多为尊的消费旧俗，造成有些宴会菜品数量过多，少则 20 多道，多则 50 多道，甚至更多一些，大大超过赴宴者的进食量，所以，相当多的宴会结束后，席面上剩余的菜肴数量较多，最后只能作为泔水废弃，造成极大的浪费。另外由于宴会菜品过多，上菜程序、礼仪之繁缛复杂，一次宴会通常要花上 2～3 小时才能完成，这与当今社会人们较快的生活节奏是完全不相适应的。上述这些旧的消费习俗不但浪费社会资源，也会败坏社会风气，助长不正之风，所以改革宴会的消费旧俗是社会发展的必然要求。

2）宴会改革的原则

某些传统的宴会文化已不能与当今时代发展变化相适应，但宴会的改革必须从现阶段我国的国情、民情出发，顺应社会的潮流，科学地调整宴会的菜品结构，切实保证菜肴的营养卫生，大力提倡时代新风尚，实行理智消费、科学消费的理念，在保留我国宴会饮食文化风采的基础上，强化宴会的内涵和时代气息。因此，宴会的改革必须掌握如下几项基本原则。

(1) 要保持宴会的基本特征。

我国宴会具有聚餐式、规格化和社会性三个主要基本特征，这不仅是我国人民的饮食风格，同时也是我国饮食文明的表现。我们在宴会设计和运作管理中，必须要注意宴会风格的统一性，配菜的科学性，工艺的丰富性，形式的典雅性，还要突出我国传统的礼仪和风俗习惯，保持一定的规格和氛围，显示对宾客的真诚欢迎和良好的情意。如果失去宴会的基本特征，过于简陋，或违背民意，宴会的改革就很难被人们所接受。

(2) 要体现宴会在市场经济中的规律。

在宴会改革中，我们既要反对那些在饮宴中千方百计猎奇求珍、穷奢极欲、挥霍浪费的习俗，又要按照当今市场经济的价值规律办事，灵活运用宴会这一特殊的“商品”，满足人们正常的社交活动的需求。如筹办婚宴、寿宴、交际宴、欢迎宴、送别宴、答谢宴等多种形式的宴会，要根据顾客的需求，设计出不同规格和标准的宴会菜单，其价格和档次可分高、中、低几种，供顾客选择。只有按市场经济规律办事，才能顺应社会潮流。

(3) 要突出宴会的民族饮食风格。

我国传统的宴会形式虽然有种种弊端，必须要抛弃，但也有很多优秀的民族饮食风格，尤其在宴会菜肴的设计及组合中有着明显的特点，具有选择原料严谨，制作工艺精湛，烹调技法多种多样，菜肴口味千变万化，装盘造型千姿百态，菜品组合十分讲究。这些特点既是我国烹饪文化的精髓，又是我国民族饮食的风格，是外国烹调所不及的，必须继承并不断地发扬光大。绝对不能为了宴会改革，把传统宴会中的精华抛弃，其结果是宴会就失去民族特色，很难被广大群众所接受。

所以，宴会改革要从实际出发，顺应社会发展的潮流。改革后的宴会应当是既有中国民族特色，又是多种档次，质价相符，营养均衡，文明卫生，以满足不同层次和消费者多种需求的产品。

3）宴会改革的思路

宴会的改革是一项系统工程，它不但要改变人们的消费观念，更重要的是要改变传统宴会在形式和内容上的弊端。特别是在改革开放、经济日趋发达的今天，人们之间的交往日益频繁，他们往往以举办宴会的方式来交流思想、情感、信息及改善公共关系等，所以中国传统的宴会能不能适应现代社会发展的需要，与国际市场接轨，就需要我们深入研究，理清改革的思路，主要抓好如下几方面的工作。

(1) 讲究菜品结构，控制菜品数量。

传统宴会的菜品结构由冷菜、热炒、汤、点心、水果等组成，选用的原料均侧重于山珍海味及动物性原料，所用的植物性原料较少。菜品的数量偏多，总量偏大，铺张浪费现象严重，饮宴时间过长，厨师和服务人员劳动量增大，因此，必须予以改革。改革的主要思路是：在菜单设计中要倡导风格多种多样的宴会菜品结构模式，降低荤菜的比例，讲究原料的多样化，增加植物类、豆制品等食品的原料；调整热菜与主食、点心的比例，减少热菜的品种，增加主食与点心的品种；控制菜品的总量及每份菜的数量，提高菜品的质量，加快烹调的速度，缩短进餐的时间。

(2) 讲究用餐卫生，注重营养平衡。

传统宴会在用餐方式和习俗上存在着“十箸搅于一盘”，不用公筷、公勺，相互夹菜给对方等不卫生的现象，在菜品组合上重荤轻素，重菜肴轻主食，重猎稀求珍轻土特产品，造成饮宴者营养不均衡，为此，这种用餐不讲卫生，饮食不注意营养平衡等不文明的习俗只有通过改革才能有所改变。改革的主要思路是，饮宴时每上一道菜品都必须用公勺、公筷取菜或分菜，积极推行宴会“各客式”“自助餐”“分食制”服务派菜等卫生文明的宴请方式；在菜品组合中，做到荤素并举，主副并重，选料广泛，注重营养均衡等措施。

(3) 讲究烹调技艺，注重装盘技巧。

宴会的改革还要在菜品制作及装盘方法上做一些必要的改变，有些宴会烹调方法、口味单调，造型千篇一律，色泽不鲜艳，装盘的盛器与菜肴的数量、色泽、性质不相适应，所以我们在制作宴会菜肴时，要求宴会的每一道菜的烹调方法、口味、色泽及所用原料不宜相同，制作每一道菜肴要注重用料的比例、加热的方法、程序和时间，实现标准化、规范化制作，彻底改变过去制作菜肴时仅凭个人经验而带有随意性的现象。

(4) 讲究宴会特色，提高文化内涵。

没有特色的宴会就不能吸引顾客来消费，更没有市场竞争力。没有文化内涵的宴会就很难给顾客留下美好的印象，也不能显示出宴会的档次及民族氛围。所以，我们设计宴会时要根据本地区及酒店的特点，以不同的主题宴席设计出个性鲜明、有特色的宴席，如常见的婚宴，我们可以从场地的布置、菜名的确定、服务的方式、宴席氛围的设计、当地的风土人情、饮食习惯和婚宴主题来设计，使宾客始终沉浸在吉祥如意、喜气洋洋的气氛中。提高宴会的文化内涵是值得我们研究和改革的重点，我们要针对不同主题的宴会，营造出良好的文化氛围，把传统精美的菜肴与现代的企业文化、饮食礼仪、服务理念及文艺表演、音乐、绘画等艺术形式有机地结合起来，充分展示中华民族饮食文化的独特韵味，以达到出奇制胜的效果，从而起到陶冶宾客情操、增进其食欲等作用。

2．宴会的创新

中国宴会经过千百年的演变，已形成了内容丰富、制作精细、风味独特的特点，深受国内外宾客的青睐。但随着时代的发展，人们对传统宴会的形式及内容有了更新的要求，我们要在继承中求发展，在改革中求创新，设计出顺应时代潮流的宴会。

1）宴会创新的要求

宴会创新主要打破传统观念的束缚，发扬锐意进取的精神，根据饮食市场的需求，创造出更多、更新的宴会菜肴及各种宴会形式。具体要求如下。

(1) 打破常规。

由于人们的生活水平在不断提高，饮食习惯发生变化，对宴会的菜肴及形式也有了更高的要求，一方面我们要继承传统宴会那些有特色、有价值的宴会菜肴及宴会形式的精华；另一方面我们要打破常规，吸收国内外一些宴会的优点，不断地开拓创新，发扬光大我国宴会的风味特色，如在菜肴上做到中西结合，古今结合，菜点结合，乡土菜与高档菜结合等方法，创造出人们喜欢的菜肴，同时在宴会的格局、装盘及形式等方面也要有所创新。

(2) 富有特点。

宴会的创新不是全盘否定传统或是照抄照搬别人的菜肴和模式，而是要高于传统，超越他人，如在宴会菜肴原料的运用、口味的变化、装盘艺术、服务的方式及主题宴会的设计等方面与众不同，要形成自己的风格，扬长避短。无论是宴会的环境布置，还是宴会的菜肴制作及服务的技法，要求新颖别致，使人一朝品食，长久难忘。

(3) 适应市场。

【参考视频】

宴会的创新要顺应时代的潮流，适应市场的需求，在设计宴席菜单时，要满足不同层次、不同人群的要求。层次高、价位高的宴会，从形式上讲究典雅、注重就餐的环境、餐厅布置、接待礼节、娱乐雅兴等。在菜品上讲究口味、营养、卫生、新颖。以分食制为主，对于中、低档的宴会，在形式上避免过于繁文缛节的程式，讲究气氛和谐，没有任何拘束感，比较随便自由。在菜品上注重实惠，味道可口，讲究风格和特点。要根据不同档次的宴会，顺应餐饮市场要求，创办出更多、更新的宴会。

2）宴会创新的方法

宴会创新的途径很多，主要从宴会的形式、菜品及服务等几方面为切入点进行大胆改革，勇于实践，才能涌现出一大批富有时代气息的特色宴会，具体方法如下。

(1) 宴会形式上的创新。

宴会的形式有多种多样，有中国式的传统宴会、日本式的和式宴会、西方式的西餐宴会，还有自助餐宴会、鸡尾酒宴会、茶宴、饺子宴等。这些宴会均有各自的特点和优点，我们在继承、挖掘传统宴会的同时，应顺应时代潮流，在宴会的菜单结构、上菜的程序、用餐方式等方面，要善于汲取其他民族宴会的精华为我们所用。要不断地探讨研究一些流行宴会的发展趋势，了解宾客的各种消费心理，创新出形式各异的宴会，满足消费者生理和心理上的需求。

(2) 宴会菜品上的创新。

【参考视频】

宴会菜品创新的方法很多，主要从原料的选择、烹调技术的运用、各种菜品的组合、装盘及造型艺术等几方面进行创新。其方法有如下几种。

① 广泛使用原料。宴会菜肴的创新在很大程度上取决于原料的变化，不同的烹饪原料能制作出不同的菜肴，由于当今交通非常发达，国际贸易十分活跃，烹饪原料特别丰富，只要我们广泛使用人们所喜爱的各种绿色食品、健康食品及乡土食品等，这些食品将会为宴会菜肴的创新提供一定物质保证和机遇，做到西料中做，中料西做，中西合璧，创造更多、更新的宴会菜肴。

② 科学运用烹调技术。我国菜系繁多，烹调技术各有特点，加上中国加入世界贸易组织后，国际交往日益增多，外国料理也进入中国餐饮市场。一方面，我们要继承发扬中国传统的烹调技术，形成有民族特色的烹调技术；另一方面，要不断引进、消化外国料理的先进烹调技术，博采众长，互为借鉴，做到“古为今用，古中有今”“洋

为中用，洋中有中”使宴会菜品既有传统中餐菜肴之情趣，又有西餐菜点的别致风味，既增加了菜肴的口味特色，又丰富了菜肴的质感与造型，给人们一种新鲜感，如三色龙虾、奶油花菜、酥皮焗山珍、千岛海鲜卷等。科学运用各民族的烹调技术优点，使宴会菜肴在口味、质感上给人有一种全新的感觉。

③ 巧妙组配宴会菜肴。中国菜肴花样繁多，技艺精湛，造型优美，在很大程度上是靠巧妙的组配手法而完成的。创新一桌富有特色的宴会，不但在烹饪原料上要有机地组合，利用各种动、植物原料，如鸡、鸭、鱼、肉、虾、贝类等制成如牡丹大虾、飞燕鳜鱼、葫芦八宝鸭、葵花子鸡、孔雀鲜贝(图 1-1)、菊花里脊肉等各种造型别致的菜肴，而且可以用黄瓜、番茄、四季豆、土豆、冬菇、青菜等不同色泽的蔬菜点缀或烹制各种菜肴，使宴会菜肴的色泽鲜艳夺目，还可以利用咖喱酱、番茄酱、卡夫奇妙酱等各种调味品及烹饪手段，使菜肴在口味、色泽、质地上风味各异，丰富多彩。只要我们对每桌宴会精心设计，有机组配，一定会制作成完善的、全新的宴会。

④ 多渠道创新菜肴。宴会菜肴的创新不能拘泥于一般的手法，要多渠道、全方位地创新，如在形象塑造上模仿自然界万事万物，充分发挥自己的想象力，采用适当的夸张或缩形技艺，构制出千姿百态的图案菜肴，如孔雀虾球、葡萄鳜鱼等；在制作方法上也可模仿古今中外的优秀菜品，并加以适当改进，形成新的菜肴，如清炖狮子头这一菜以猪肉为主，如用鱼肉制作，就成为清炖鱼肉狮子头等；还可以采用“以素托荤”之法，就是用一些植物性原料，烹制出像荤菜一样的肴馔，如“素鱼圆”“素烧鸭”“炒虾仁”等，其选料独特，构思巧妙，常给人以假乱真和耳目一新之感；也可采用移花接木的手法，即将某一菜系中的某一菜点或几个菜系中较成功的技法，转移或集中在某一菜点中的一种方法，如广东的叉烤乳猪、金陵片皮大鸭、松子鱼等就是从江苏菜系中移植而成的，正是这种将品种、原料、制法、调味、装盘的兼容，使广东菜“集技术于南北，贯通于中西，博采众长，共冶一炉”，自成一格。另外还可以采取菜点合一、中西合璧，调味品调派组合，装盘与装饰手法更新变换等手法。

图 1-1　孔雀鲜贝

(3) 宴会服务上的创新。

宴会服务上的创新主要从宴会厅堂的装饰与布置、台形的设计、服务的方式等几方面要给人一种全新的感觉。

① 宴会厅堂装饰与布置的创新。宴会厅堂布置装饰要以宴会主题为中心，宴会的主题很多，有商务宴会、婚宴、生日宴、家宴、节日宴等，我们在装饰与布置宴会厅堂时要突出主题宴会的特点，并根据宾主的喜好及忌讳、不同季节、不同人群创造性地装饰与布置宴会厅堂。

② 宴会台形设计创新。各种宴会台形设计在突出主桌外，还要根据用餐人数、主题、主办单位要求及宴会的形式来设计，一般中式宴会以圆桌为主，根据餐台的多少，可组合成梅花形、品字形、三角形、四方形、菱形、长方形等，西餐宴会、冷餐酒会等，一般用长方桌为主，可排成“一”字形、“回”字形、“U”形、“E”形、“T”形等。为了加深宾客的印象，台形设计可打破常规，用圆桌、长方桌等桌子，有机地组合成各种图案，如“S 形”“凤尾形”“八卦形”等。只要我们不断改革，勇于创新，就能达到出奇制胜的效果。

③ 宴会服务方式的创新。宴会服务方式的创新要以人为本，无论是中式服务，还是西式服务，服务人员的仪表、仪容要端正整齐，大方得体，懂礼节，讲礼貌，会服务，根据宾客的进餐速度，掌握好服务的节奏，控制好上菜的程序和快慢。服务方式的创新除掌握一些基本的操作程序和方法外，最重要的要掌握宾主的心理需求，服务人员提供精细服务。如为了讲究卫生，做到中菜西吃，实行“分食制”“各客服务”等，如中国人吃西餐、不习惯用刀叉吃菜，可提供筷子，实行西餐中吃。再如在吃带汁或是螃蟹、大虾时，防止菜肴中的卤汁溅到宾客的衣服上，可为每一位宾客提供围兜或护袖等。还有，为了增加宾客的食趣及保持菜肴温度，有些菜肴可在宴会厅进行客前烹制。服务形式的创新要善于察言观色，根据宾客的服务要求和消费心理，大胆改革，不断创新，使宴会迎合市场，不断发展。

课堂讨论

1．阅读案例，分析怎样才能成功地举办一次招待宴会？

某市政府准备在一家新开的星级饭店举办国庆招待宴会，招待全市各外资企业的总经理，港澳台来访的同胞及全市知名人士共 300 人。饭店领导十分重视这次招待宴会，动员全店员工必须尽职尽力做好这次接待工作，从宴会菜单的设计、原料的组织、餐厅的布置、音响的效果、音乐的确定、菜肴的制作及服务的程序和标准方面都提出严格的要求。由于饭店从管理层到职工都做了精心策划，招待宴会举办得非常成功，得到了市政府领导及与会宴客的一致好评，新闻媒体也大力宣传招待会成果及服务、管理水平，赢得了良好口碑。以后该市政府的一些重大活动及宴会都放在这家饭店举办，商务宴、婚宴、生日宴等其他宴会也以在这家饭店举办来显示档次。从此这家饭店生意红火，社会效益和经济效益不断提高。

2．简述筵席与宴会的含义。

3．总结宴会应具备的特点。

4．分析宴会在我国的饮食文化中的作用。

5．阅读引导案例，分析在我国宴会存在哪些问题？

某家五星级酒店的厨师长近一段时间，工作感到十分烦恼，原因是新调来一位酒店总经理，对餐饮工作很不满意，加上客人对餐饮菜肴质量投诉也越来越多，主要反映这家酒店宴会菜肴“数量较多，变化不大，菜肴总是老品种、老口味、老式样”，所以顾客越来越少，营业额逐日下降，厨师长压力也越来越大。针对这些情况，你能否帮助这位厨师长出一些高招，应采取哪些措施呢？

单元小结

通过本单元的学习，使学习者了解古代宴会的形成与演变过程，通过分析宴会的特点和作用，知晓宴会在发展中的需求变化，强调在宴会设计中的要求，加深了对我国宴会基础知识的了解，有助于学习者在各种宴会的设计与操作中掌握一定的规律和方法。

古代名宴：起源于开封的琼林宴

【参考视频】

黄梅戏《女驸马》中的主人公冯素珍，女扮男装得中头名状元之后，有一段脍炙人口的唱段：“我也曾赴过琼林宴，我也曾打马御街前……”这段唱把一位天真活泼的少女的喜悦心情刻画得淋漓尽致。人们听过之后，常常对“琼林宴”不解：它究竟是什么样的盛宴呢？

据史料记载，琼林宴始于北宋太平兴国二年(977 年)，是太宗皇帝赵炅赐当年新科进士的盛大宴会，原名闻喜宴，因宴会地点设在琼林苑内，所以人们习惯称其为“琼林宴”。到了明、清时期，尽管赐宴的地点早已不在琼林苑，但琼林宴的名称却一直延续未变。

在我国历史上，宋代一直被誉为中国饮食业的高峰时期。在当时的都城东京，每日赶进城屠宰的生猪就有数群，每群都上万头；活鱼也有几千担；鸡、鸭、牛、羊及蔬菜等其他食品难以计数。面对如此发达的饮食业，执政者不得不考虑分工管理问题，史料中记述的“四司六局”就应运而生。四司即账设司、厨司、茶酒司、台盘司；六局即果子局、蜜饯局、菜蔬局、油烛局、香药局、排办局。这些部门各有其责，各司其职，从饮宴厅堂的布置、摆设和烹调配料、茶酒，甚至照明、卫生等方面都有分工。从中不难看出，如果没有经常性的大规模的饮宴活动，绝不会有如此周密精细的分工。至于琼林宴什么模样，吃哪些菜，喝什么酒，因未见文字记述，具体情况不得而知，但可以想象出，皇家御宴的规格肯定比平常饮宴要豪华得多。

考考你

1. 简述宴会的起源。
2. 分析我国宴会进行改革和创新的过程?
3. 如何理解宴会设计在我国饮食文化中的重要作用?
4. 宴会服务中有哪些创新方式?

1.2 认识宴会

一家饭店高层领导为了提高饭店的管理水平，请有关专家给餐饮部全体员工培训，专家为了有针对性地讲课，首先进行一次理论测试，其中有一道问答题：请问你所在的饭店举办过哪些宴会?分述各类宴会有何区别?如果你参加测试，能解答出来吗?

◎ 深度学习

1.2.1 宴会的分类与内容

1. 宴会的分类

宴会的类型很多，根据不同的角度及分类标准，可以分成不同的种类，这对我们系统地了解各类宴会的特点、内容和要求，加深对各类宴会知识的理解，掌握各类宴会操作的规律，提升对宴会的管理水平和服务质量有着十分重要的意义，主要分为如下几种类型。

1) 按宴会的菜式组成划分

按宴会的菜式划分，可分中式宴会、西式宴会、中西合璧宴会三种。

(1) 中式宴会。

中式宴会是中国传统宴会的一种，宴会的菜品以传统的中国菜肴及地方风味为主，所用的酒水餐具以中国生产的为主，在餐厅的环境布置，台面设计，餐具、筷子的摆放等方面，富有浓郁的中华民族特色，在服务的礼节礼仪及程序等方面按中国传统的方式进行。中式宴会是我国最为常见的一种宴会类型。

【参考视频】

(2) 西式宴会。

西式宴会是以欧美为主较流行的宴会的一种。宴会的菜品以欧美菜式为主，所用的酒水、餐具以欧美生产的为主，宴会厅堂的环境布局与风格、台面设计、餐具用品，所使用的刀、叉等餐具均突出西洋格调，餐桌一般多为长方形桌。

知识链接

西式宴会

在服务礼节礼仪及程序等方面按西方人的生活习惯及服务方式进行。目前西式宴会在我国一些涉外酒店、驻华使馆及高档餐厅等较为流行，西式宴会根据菜式与服务方式不同，又可分为法式、意大利式、英式、美式、俄式宴会等，目前日式宴会、韩式宴会也在我国逐渐兴起，均可被纳入西式宴会或外国宴会的范畴。

(3) 中西合璧宴会。

中西合璧宴会是中式宴会与西式宴会两种形式相结合的一种宴会。宴会的菜品既有中国菜肴，又有西餐的菜肴，所用酒水以中式酒水为主，也用一些欧美较流行的酒水，如拿破仑 XO、人头马、威士忌等酒水，所用的餐具及用具，既有中式的，也有西式的，如筷子、刀、叉均可提供，在服务礼节礼仪及程序上根据中、西菜品的不同，其方法也不一样。因为中西合璧宴会在菜品的结构、服务等方面与中式宴会、西式宴会有所不同，给人一种新奇、多变的感觉，现各地常常采用中西合璧宴会形式来招待客人，深受宾客的欢迎。

2）按宴会的规模大小划分

按宴会规模大小划分，可分小型宴会、中型宴会、大型宴会。

(1) 小型宴会。

所谓小型宴会是与大型宴会相比较而言，规模在 1～5 桌不等，参加人数相对少，往往在包间进行，在菜单设计、员工工作的安排及服务上不是很复杂，一般按照主宾的要求进行认真设计，严格操作，都能收到很好的效果。

(2) 中型宴会。

中型宴会通常在大型宴会与小型宴会两者之间，规模在 6～15 桌不等，参加人数较多，在菜单设计、组织安排上要针对客人的要求，精心策划，按程序操作，一定会达到设计的要求。

(3) 大型宴会。

大型宴会通常都有特定的主题，如重大的庆典活动、国际友人的来华访问、记者招待会等，这种宴会规模在 16 桌以上，参加人数众多，工作量大，要求高，组织者必须具有较高的组织能力，从菜单设计、原料的采购、服务程序等方面要全面考虑，做到一丝不苟、忙而不乱、有条不紊，使整个宴会在菜品质量、服务水平、组织工作等方面均达到理想的效果。

3）按宴会的价格等级划分

按宴会价格等级划分，可分高档宴会、中档宴会、普通宴会等。

(1) 高档宴会。

高档宴会一般价格较高，是当地普通宴会价格的几倍或十几倍，使用的烹饪原料多为山珍海味或高档、稀有的原料，菜肴制作比较精细，餐厅的环境和服务比较讲究。

(2) 中档宴会。

中档宴会一般价格比高档宴会低，比普通宴会高，在高档宴会与普通宴会之间，使用的烹饪原料多以一般的山珍海味、鸡、鸭、鱼、虾、肉、蔬菜等，菜肴制作较讲究，餐厅的环境和服务较好。

(3) 普通宴会。

普通宴会一般价格较低，使用的烹饪原料以常见的鸡、鸭、鱼、肉、蛋、蔬菜等。菜肴制作注重实惠，讲究口味，餐厅的环境及服务相对要差于中、高档宴会。

4）按宴会的形式与性质划分

按宴会的形式与性质划分，可分为国宴、便宴、家宴、冷餐酒会、鸡尾酒宴会等。

(1) 国宴。

国宴又称正式宴会，主要指国家元首或政府首脑为外国元首、政府首脑到访或为国家重大庆典而举行的正式宴会。

知识链接

国宴的特点

国宴的接待规格较高，礼仪较隆重，气氛热烈、庄重、友好，宴会场所悬挂国旗，安排乐队演奏双方国歌及小型文艺节目等，双方元首或政府首脑要在席间致辞、祝酒等，在服务礼仪上必须显示热烈、庄严的气氛，在菜单设计、环境布置上一般都突出本国的民族特色。

(2) 便宴。

便宴是一种非正式的宴会，其形式比较简便，可以不排席位，不做正式讲话。宴会的规格及菜单设计可随客人的要求而定。

(3) 家宴。

家宴是在家中设宴招待一些亲朋好友，显示热情友好，家宴的特点是形式灵活，一般以家庭菜肴为主来款待客人，气氛轻松愉快，具有浓厚的家庭气息。

(4) 冷餐酒会。

冷餐酒会又称自助餐宴会，可分中式菜肴自助餐宴会、西式菜肴自助餐宴会、中西合璧菜肴自助餐宴会。这种宴会是西方引进的宴会，其形式特点是不设座位，菜肴以冷菜为主，热菜(需保温)、点心、水果为辅，讲究餐台设计，所有菜点在开宴前全部陈设在餐台上，宾客站着进食，客人根据喜食爱好，可多次取食，冷餐酒会规模大小、档次的高低，可根据主、客双方要求来决定，这种宴会适用于商务洽谈、贸易交流等，由于宴会不受身份等级的影响，交流自由，轻松愉快，现今越来越多地被宾主所欢迎，并有流行的趋势。

(5) 鸡尾酒宴会。

这种宴会以酒水为主，略备小吃，不设座位，客人站着进食，可随意走动，相互交流，鸡尾酒宴会饮用的酒水，是采用多种酒水按一定比例调制而成的一种混合饮料，也可配一些低度酒、啤酒、果汁单独饮用，少用或不用烈性酒。

5）按宴会的举办目的划分

按宴会举办目的划分，可分为商务宴会、婚宴、寿宴、迎送宴会、纪念宴会等。

(1) 商务宴会。

商务宴会主要是各类企事业单位之间。为了增进相互了解，加强沟通与合作，交流商业信息，从而达成共识和协议而举行的宴会，这种宴会特点是价格比较高，在菜单设计、餐厅环境布置、上菜程序等方面均根据宾主的共同偏好和特点进行精心设计，由于宾主之间往往边吃边谈，饮宴的时间相对较长，所以要控制好上菜的速度和节奏。

(2) 婚宴。

婚宴是人们在举行婚礼时为宴请前来祝贺的亲朋好友而举办的宴会。设计婚宴时应在环境布置、台面设计、菜品制作等方面突出喜庆吉祥的气氛，还要考虑各民族不同的生活和风俗习惯。

(3) 寿宴。

寿宴也称生日宴，是人们为纪念出生日和祝愿健康长寿举办的宴会。寿宴在餐厅环境布置、菜品命名及选择方面应以生日者的需要为主，要突出健康长寿之意。要按当地的风俗习惯来设计宴会的程序及各种仪式，满足生日者和参宴者的精神需求和生理需求。

(4) 迎送宴会。

迎送宴会指主人为了欢迎或欢送亲朋好友而举办的宴会。宴会菜肴设计一般根据宾主的饮食爱好而设定，宴会环境布置要突出热情喜庆的气氛，体现主人对宾客的尊敬与重视，围绕宾主之间友谊、祝愿和思念等主题来设计。

(5) 纪念宴会。

纪念宴会主要指人们为纪念重大事件或自己密切相关的人、事而举办的宴会。这类宴会在餐厅环境布置上要突出纪念对象的标志，如照片、实物、音乐等，以烘托思念、缅怀的气氛，在菜单设计及餐具运用上要表现出怀旧及纪念的主题。

6）按宴会的主要用料划分

按宴会主要用料划分，可分为全羊宴、全鸭宴、全鸡宴、全鱼宴、全素宴、山珍宴、海味宴、水产宴、全畜宴等。这类宴会所有菜品均只能以一种原料，或者以具有某种共同特性的原料为主料制成，每种菜品所变的仅是配料、调料、烹调方法、造型等。其制作难度较大，要做到“主料不变中有变，变中主料不能变”。

7）按宴会的头菜原料划分

按宴会头菜原料划分，可分为海参宴、鱼翅宴、燕窝宴、龙虾宴、猴头宴。这类宴会主要指宴会大菜中第一个菜或整桌宴会中的主菜(又称台柱)。头菜的档次高低直接关系到整桌的档次，所以，用头菜来分类，可以从菜肴原料的选择、烹制要求、菜肴装盘与点缀上加以调整，也有利于其他菜品与头菜配套，所以人们习惯用宴会头菜来衡量整桌宴会的价格、档次及质量的水平。

8）按宴会的历史渊源划分

按宴会的渊源划分，可分为仿唐宴、孔府宴、红楼宴、随园宴、满汉宴等。这类宴会又称仿古宴会，就是将古代较具特色的一些宴会注入现代文化而产生的宴会。这类宴会继承了我国历代宴会的形式、宴会的礼仪、宴会菜品制作的优点及精华，进行改进，提高和创新，这样不仅继承和弘扬中华的饮食文化，丰富我国宴会的花色品种，而且进一步满足餐饮市场需求，创造良好的社会效益和经济效益，深受海内外人们的欢迎与青睐。

9）按宴会的地方风味划分

按宴会的地方风味划分，可分为川菜(图 1-2)、粤菜、苏菜、鲁菜、徽菜、闽菜、浙菜、湘菜等。这类宴会的菜品具有明显的地域性和民族性，强调正宗、地道，在宴会台面设计、餐具的运用、就餐环境、宴会的服务形式等方面，突出地方特色和民族风格，充分体现中国饮食文化的博大精深、品种繁多、风味各异等鲜明的民族特色。

图 1-2　川菜

10）按宴会的特点来划分

按宴会的特点来划分，可根据宴会某一特点，来确定宴会的类别。例如，按特殊烹调方法来分，可分为烧烤宴会、火锅宴会等；以风味小吃宴会来分，可分为西安饺子宴、四川风味小吃宴、南京秦淮小吃宴等。

综上所述，宴会的分类既复杂，但又有序可循，只要我们正确掌握不同的角度来加以分类，这对我们把握各种宴会特点、性质及操作要求是有益的，也是我们必须要掌握的一门知识。

2．宴会的命名

宴会的命名，古今中外名目繁多，内容丰富，食意深刻，风格各异，可从不同主题与角度来归纳宴会的命名。

1）以喜庆、寿辰、纪念、迎送为主题命名

以喜庆、寿辰、纪念、迎送为主题的宴会最为常见，从民间百姓到国家、政府机关、企事业单位及各种公司等都会举办这类宴会。

【参考视频】

(1) 以喜庆为主题的命名，有民间举办的婚宴“百年好合宴”“龙凤呈祥宴”“珠联璧合宴”“金玉良缘宴”“永结同心宴”等，还有乔迁之喜宴等；再如国家、政府重大节或事件举办的宴会命名有“国庆招待宴”“庆祝香港回归十周年宴”“庆祝西藏铁路通车竣工宴”等。

(2) 以生日寿辰为主题的命名，有“满月喜庆宴”“百天庆贺宴”“周岁快乐宴”“十岁风华宴”“二十成才宴”“花甲延年宴”“百岁高寿宴”等。

【参考视频】

(3) 以纪念为主题的命名，有“纪念×××大学建校109周年宴”“纪念×××诞辰120周年宴”等。

(4) 以迎送为主题的命名，有“欢迎×××国家总统访华宴”“欢送外国专家回国宴”“欢迎××先生接风洗尘宴”“欢送××先生话别宴”等。

2）以菜系、地方风味为主题命名

以菜系、地方风味为主题的宴会命名最为多见的有“川菜风味”“粤菜风味”“鲁菜风味宴”等。

3）以某一类原料为主题命名

【参考视频】

以某一原料或某一类原料为主题命名的宴会有“全羊宴”“全鸭宴”“刀鱼宴”“海参宴”“菌菇美食宴”“水产美食宴”“素食美食宴”等。

4）以节日为主题命名

以节日为主题的命名宴会，就是以国内外各种节日及法定的假期设计出主题新颖、风格各异、人们喜爱的宴会，如春节、正月十五是我国传统节日，其宴会命名有“全家团聚宴”“恭喜发财宴”“元宵花灯宴”等。再如，中秋节可设计“中秋赏月宴”“丹桂飘香宴”等；圣诞节，可设计“圣诞平安宴”“圣诞快乐宴”等；五一节、国庆节可设计“旅游休假宴”“欢度国庆宴”等。

5）以名人、名著、仿古为主题命名

【参考视频】

我国古代名宴众多，这也是我国传统饮食文化的重要组成部分。为了挖掘整理、吸收、改进和创新这些名宴，发扬我国的饮食文化，很多地方名店利用自身的餐饮经营特点，组织技术力量，不断挖掘研究古代名宴，推出以名人、名著等命名的宴会，如“东坡宴”“红楼宴”“孔府宴”“乾隆御膳宴”“随园宴”“满汉全席”(图1-3)等宴会。

【参考视频】

图1-3　满汉全席

6）以某一技法和食品功能特色为主题命名

以某一烹调技法或某一类食品的营养功能为特色的宴会目前较为流行，因为随着人们生活水平的不断提高，人们举办宴会招待亲朋好友，不但注重形式，还要讲究宴会的特色、环境、气氛，注重营养、养生等要求。例如“铁板系列宴”“砂锅系列宴”“烧烤系列宴”“火锅系列宴”等。还有以食品功能为主题的宴会，例如“延年益寿宴”“滋阴养颜宴”“美容健身宴”等。这些宴会深受人们的青睐。

7）以风景名胜为主题命名

我国风景名胜旅游地很多，许多地区为了发展旅游事业，根据本地区的风景古迹，设计了许多名菜、名宴，如“长安八景宴”“西湖十景宴”“太湖风景宴”等。

8）以创新为主题命名

宴会的创新是餐饮企业永恒的主题，也是吸引宾客、促进消费、增加收入的主要措施，例如“中西合璧宴”“游船水产宴”“山珍野味宴”等，这些宴会给客人有种新、奇、特的感觉，颇受客人的欢迎。

3．宴会的内容

我国宴会的种类很多，由于宴会的形式、档次、类型、地域等方面的不同，其宴会内容就有很大的差别，这里主要介绍中、西式宴会及中西合璧、自助式宴会的菜品结构及内容。

1）中式宴会菜品结构及内容

中式宴会经过千百年来的不断发展、改革、创新，各地区形成一定的格局与模式，尽管各地的气候条件、经济发展、生活习惯不同，但在宴会的菜品结构及内容上存在一些共同特点。

(1) 中式宴会菜品结构。

中式宴会一般由冷菜、热菜(包括炒菜、大菜)、甜菜(包括甜汤)、点心(包括主食)、水果等组成。

(2) 中式宴会菜品内容。

① 冷菜。宴会上冷菜，根据各地饮食习惯、价格高低，其内容及形式多种多样，有什锦拼盘，4～6 个双拼盘或三拼盘，也有采用一个大的花色拼盘(又称艺术拼盘)，再配上 4～10 个不等小冷盘(又称围碟)，要求几个冷菜色泽、口味、烹调方法等均不一样。

② 热菜。宴会上热菜包括炒菜、大菜、汤等。炒菜：炒菜要根据各地区、各类餐厅的不同，其数量有所不一样，一般 1～4 个不等，烹调方法采用炒、爆、炸、熘等多种烹调方法，以达到滑嫩、干爽多种口味，便于佐酒。大菜：一般以整形、整只、整块、整条的原料烹制而成，装盛在大盘或大汤碗上席的菜肴称为大菜，也可经分菜后装入各色盛器上再上桌，烹调方法以烧、烤、蒸、炸、烩、炖、焖、熘、氽等为多，每桌宴会数量控制在 6～9 个为宜。其内容有荤菜、蔬菜、汤等。

③ 甜菜。甜菜(包括甜汤)，口味以甜为主，一般采用蒸、拔丝、蜜汁、冷冻、炒、熘等烹调方法而制成。其数量一般 1～2 道。

④ 点心。在宴会中的点心(包括主食)，常用糕、团、面、饺、包子等品种，其成品精细及数量取决于宴会规格的高低。高级宴会还需制成各种花色点心，一般宴会点心品种数量 1～4 道不等。宴会中的主食常用各种面食、什锦炒饭为主，根据宾客的要求供给。

⑤ 水果。宴会中常用水果有苹果、梨子、西瓜、橘子、香蕉等，一般根据季节的变化

制成水果拼盘或水果色拉，待宴会即将结束前上席，也可开宴前上席。

总之，中式宴会的菜品结构及内容虽然有一定的格式，但还要根据各地区的实际情况灵活地运用，无论是菜品的烹调方法，还是数量及品种，都要根据宾客的饮食习惯进行适当的调整，并突出地方特色，只有这样，才能使宴会菜肴更加丰富多彩，形成不同风味与特色的宴会。

【参考视频】

2) 西式宴会菜品结构内容

西式宴会与中式宴会在菜肴结构及内容上有根本的区别，经过长期的发展，西式宴会其形式主要有正式宴会、冷餐酒会、自助餐会、鸡尾酒会等，本节主要介绍西式正式宴会的菜品结构及内容，便于大家对中、西宴会内容进行比较与了解。

(1) 西式正式宴会菜品结构。

西式正式宴会一般由头盆(包括色拉)、汤、主菜、甜品、水果、饮料等组成。

(2) 西式正式宴会菜品内容。

① 头盆，又称“头盘”“冷盘”“前菜”等，即是开餐的第一道菜，主要起到开胃的作用，也称开胃菜，头盆的菜品，一般多用清淡的海鲜、熟肉、蔬菜、水果、鸡肉卷、鹅肝派等制成。

知识链接

头盆装盘

为了增加食欲，装盘也十分讲究，头盆装盘选用的盆子不宜太大，应注重色彩的搭配，装饰要美观，有时可用鸡尾酒杯盛装，显得更加好看，一般安排一道，传统的西式宴会头盆多为冷菜，配有面包、黄油和色拉(Salads)。色拉一般分为素色拉、荤色拉和荤素混合色拉等。

② 汤。西式宴会的汤十分讲究，一般分清汤和浓汤，要求原汤、原味、原色，如鲜蚝汤、牛尾清汤、奶油汤、厨师红汤等。

③ 主菜。主菜又名主盆，根据宴会的档次，高档西式宴会主菜又分小盆与大盆，小盆一般以鱼类为主，大盆一般以肉类为主，多用牛、羊、猪肉、禽类，也有的用海鲜及野味类菜品。普通西式宴会主菜只有一个大盆。主菜中除荤菜外，还需配上新鲜蔬菜，按红、白、青等颜色组配而成，其作用是美化主菜，刺激食欲，平衡营养。主菜口味多种多样，富有特色，其数量是最多的一道菜品，其质量及价格是最高的，所以通常称主菜。

④ 甜品。甜品在西式宴会上，是一道不可缺少的菜品，有冷、热之分，常用的有冰淇淋、布丁、各种水果派、酥福列、奶酪、各种蛋糕及各种水果做甜菜等。

⑤ 饮料。饮料一般有红茶、绿茶、咖啡等，主要起到醒酒、提神、帮助消化等作用。

以上是西式宴会常见的菜品结构及内容，但还要根据饮食对象和市场的需求情况，随时进行调整，形成自己的经营特色，来满足不同群体的饮食需求。

3）中西合璧自助式宴会菜品结构及内容

自助式宴会不同于我国传统宴会，是从国外引进的一种宴会，其特色是菜肴的花色品种多，选择菜品的范围广，餐厅布置讲究，有冰雕、黄油雕、各种水果、鲜花等，给人一种色彩缤纷、富丽堂皇的感觉，就餐时可根据自己的饮食爱好，自由取食，可站着吃，也可坐着吃，参加自助宴会的宾客一般人数较多，边用餐边自由交谈，深受人们欢迎。根据自助式宴会的菜品构成可分为中式自助式宴会、西式自助式宴会和中西合璧自助式宴会等，现重点介绍中西合璧自助式宴会。

(1) 中西合璧自助式宴会菜品结构。

中西合璧自助式宴会，一般把中餐菜品与西餐菜品同时展示在餐桌上，中餐有冷菜类、热菜类、点心(主食)类、汤类，西餐有沙拉类、烧烤类、热菜类、面包类等，另加甜品、水果、饮料类及各种雕品等。

(2) 中西合璧自助式宴会菜品内容。

中餐菜品：

① 冷菜：油爆虾、五香熏鱼、盐水鸭、葱油海蜇、茶叶蛋、蒜泥黄瓜、咖喱笋、酱牛肉、卤冬菇等。

② 热菜类：脆皮鱼条、黑椒牛柳、椒盐排骨、西芹烧鸭片、宫保鸡丁、茄汁大虾、锅贴干贝、红烧羊肉、三鲜海参、蘑菇时蔬、麻辣豆腐、开洋萝卜炸土豆条等。

③ 点心(主食类)：什锦炒饭、三鲜炒面、炸春卷、素菜包子、菜肉水饺等。

④ 汤类：酸辣汤、鱼圆汤、菌菇鸡块汤、火腿冬瓜汤等。

西餐菜品：

① 沙拉类：水果沙拉、虾仁沙拉、鸡肉沙拉、素菜沙拉等。

② 烧烤类：烧鸭、西式烤鱼、焗牛排、烤火鸡等，香烤海鲜串等。

③ 热菜类：匈牙利烩牛肉、法国田螺洋菇盅、海鲜酥盒、茴香羊肉、松子饭等。

④ 面包类：法式餐包、烤面包等。

其他类：

① 中、西甜品类：冰糖银耳、巧克力慕司、各种法式蛋糕、焦糖布丁、黑森林蛋糕等。

② 水果：橘子、香蕉、西瓜、哈密瓜、猕猴桃等。

③ 饮料类：咖啡、橘汁、红茶、绿茶、啤酒、可口可乐等。

④ 雕品：黄油雕、冰雕、瓜果雕等。

总之，中西合璧自助式宴会菜品的多少、原料的档次高低，应视参加宴会的人数、价格标准等因素灵活掌握，一般菜肴数量控制在 30～70 种不等，菜品装盘及餐桌布置必须整洁美观。

1.2.2 宴会的发展趋势

随着我国经济的快速发展与社会的不断进步，人民物质文化生活水平日益提高，他们对生活的追求有了更高、更新的要求，提高生活质量、强调精神享受和文化氛围、注重身体保健，逐渐成了人们追求的新境界。为了顺应这种时代潮流，传统宴会形式和内容需要进行必要的变革，呈现出以下几种发展趋势。

1. 营养化趋势

传统的宴会讲究菜肴丰盛，选用烹饪原料以荤菜为主，素菜为次，以珍为盛，以稀为贵等旧习俗，此外暴饮暴食、酗酒、斗酒等不文明的饮食行为严重影响膳食平衡，随着人们保健意识的增强，宴会的饮食结构向营养化趋势越来越明显。设计宴会菜单时，要求用料广泛，荤素搭配合理，营养配备全面，绿色食品、保健食品、特色食品率先引入宴会菜肴中，并根据国际、国内的科学饮食标准来设计宴会菜单，使宴会设计都要符合平衡膳食的要求。

2. 卫生化趋势

宴会的卫生化趋势主要从原料的选用、烹调的技法、用餐的方法等几方面加以控制。

(1) 在烹饪原料选用上，不用国家明文规定的受保护或严令禁用的动、植物原料，如穿山甲、河豚等品种，而选用天然的、绿色的、无污染的烹饪原料。

(2) 在烹调技法上，从原料的腌制、添加剂的运用上要严格按食品卫生法的有关规定执行，不能有超标、超时等违规的操作，对一些烟熏、反复油炸或烧烤的食品要加以控制。

(3) 在用餐方法上，由集餐制趋向“分餐制”“自选式”，一人一份我国自古有之，卫生方便，不用互相礼让，容易控制菜量，减少浪费，有助于缩短用餐时间，也有利于宴会服务员实行规范化服务，提高服务档次等。

3. 节俭化趋势

古代宴会由于统治阶级为讲排场、摆阔气，相互攀比，以暴殄天物、挥霍浪费者居多，如宋代张俊供奉给宋高宗的御宴其菜品多达 250 道，清代千叟宴参加人数最多一次达 5000 多人次，满汉全席菜肴达 120 道左右，这种以菜肴多少来衡量宴请者情意深浅的奢侈之风将成为历史。随着人们物质生活与文化生活的提高，社会节奏的加快，新的思维方式、生活方式逐渐被我国人们所接受，并且已成为人们的日常行为。举办宴会，以菜肴够吃为标准，去繁求简，讲究实惠，反对铺张浪费已成为主流，宴会举办的方式和内容正在向节俭化发展。

【参考视频】

4. 精致化趋势

宴会的精致化趋势是指菜肴的数量与质量，在设计宴会菜单时应控制菜肴的数量，讲究菜肴的质量，注重菜肴的荤素搭配、口味的变换，质地的区别、色泽的差异、技法的多变、餐具的组合、上菜的顺序等都要根据宾客的饮食习惯精心设计，力求精益求精，满足当代人们的饮食需求。

5. 风味特色化趋势

风味特色化的趋势主要指宴会富有地方和民族特色，能反映某一个国家、民族、地区、城市或酒店独特的饮食文化及民族特色，使宴会呈现出百花齐放、各具特点的新局面。并且根据宾客的对象，在兼顾他们饮食嗜好的同时，尽量安排当地的地方名菜名点，显示独特的菜肴风味，以达到意想不到的效果。

6．美境化趋势

美境化的趋势指人们不但对宴会菜肴的造型、质感及装盘菜肴盛器有美的要求，还十分注重宴会厅堂内外的环境美，如宴会厅的装饰、场面的布置、空间布局的安排、餐桌台面的摆放、环境的装点、服务员的服饰等都要紧紧围绕宴会主题，力求创造出最美的艺术境界。这不仅让宾客通过饮食满足生理上的需求，而且通过视觉获得心理的满足，使宴会沉浸在欢快、轻松、祥和的气氛中，给人们一种美的艺术享受。

7．食趣化趋势

现代的宴会讲究礼仪，注重宴会情趣，在宴会举办过程中与文化艺术有机地结合起来，如进餐时播放音乐，边吃边看歌舞表演、时装表演、相声、杂技等艺术形式，使情景交融，融食、乐、艺为一体，不仅提高了宴会的档次及服务质量，而且体现了中华民族饮食文化风采，能够陶冶情操，净化心灵。这种宴乐形式将成为现代宴会乃至未来宴会不可缺少的重要部分，形成一种新的社会风尚与发展趋势。

8．快速化趋势

传统宴会由于菜肴多，操作程序繁多，宴会的时间长，影响工作。随着时代的发展，人们的生活和工作的节奏加快，控制和掌握宴会的时间势在必行，这就要加快宴会的进程，宴会在使用原料或某些菜肴时，更多地采用集约化生产方式，大大缩短宴会菜点的烹调时间，做到宴会主题突出，菜肴数量适可，出菜程序紧凑，宴会时间缩短，使整个宴会从菜品加工、烹调到组织实施，形成快速化的趋势，完全适应现代人快节奏、高效率的需要。

9．形式多样化趋势

传统宴会摆中国台面，用中国餐具，吃中国菜肴，饮中国酒，尊重中国的风俗习惯。随着市场经济的发展，宴会的形式和内容得到了不断发展和完善，其形式因人、因时、因地而异，显现需求的多样化，新的宴会格局不断涌现。例如历史名宴有组织的仿制；中西合璧式宴会不断出现，仿制国外宴会屡见不鲜；各种特色宴会层出不穷，如宴会菜肴向经济实惠、营养保健、丰富多彩方面发展，如太空菜、健美菜、防老菜、药膳菜、疗养菜(图 1-4)、少数民族菜等在宴会中频频出现。宴会场地也不拘泥于室内，走向室外，例如草地宴会、广场宴会、湖边宴会、树林宴会、游泳池边宴会等，营造与大自然相融合的浪漫氛围。

图 1-4　疗养菜

10．国际化趋势

中国宴会的国际化，主要在宴会的形式上向国际一些先进的饮食文化和水平靠拢。尤其改革开放以来，一些西式宴会、冷餐酒会、鸡尾酒会、招待会、茶会等宴会形式给我国宴会的创新和发展带来了新的活力，有利于迎合和满足各国旅游客人、商务客人等的各种需求。

总之，宴会的发展趋势，随着社会的进步，逐步向更加文明、节俭快捷、典雅的新型宴会方向发展，使宴会更加五彩缤纷，百花齐放，满足人们物质生活和精神生活需要。

课堂讨论

1．你曾参加过的宴会活动，试述它们各自有何特点？
2．理解不同宴会的分类中，对于形式、规格等方面的差异。
3．总结我国宴会发展的趋势，分组讨论并画图展示(学习者课上完成)。
4．了解中式宴会与西式宴会在菜品结构及内容上的区别。

单元小结

通过本单元的学习，使学习者了解宴会的分类要求和具体内容，知晓宴会发展中对各种类型宴会的命名要求，能够区别并简述出不同类别宴会的区别。

曲　水　宴

曲水宴，又叫称曲宴，始于中国秦朝，古代宫廷赐宴的一种，其特别之处就在于其无事而宴，席上众人临流水而坐，常有赏花、赋诗等活动。如今提起曲水宴，知道的国人可能不多，可一说到东晋着名书家王羲之的代表作品《兰亭序》，就无人不知无人不晓了。东晋穆帝永和九年(公元三五三)三月三日，王羲之与当时的众多名人雅集兰亭，设曲水之宴，临流赋诗。诗成之后，众人共推王羲之撰序并书，王羲之微醉乘兴，即席挥毫，写下这篇流芳千古的名作。

考考你

1．宴会发展中，营养化趋势具体指什么?
2．你同意宴会中提倡节俭吗？为什么?

3. 请以节日为主题，设计两个宴会的名称?

4. 中式宴会菜品有哪些内容?

1.3 熟悉宴会设计

《海贼王》主题餐厅

【参考视频】

《海贼王》主题餐厅在主题文化的开放上，借助特色的建筑设计和内部装饰来强化主题是非常必要的，例如上海老站餐厅就通过老式家居布置和火车的改装，营造了老上海怀旧和名人专列两个主题；而巴厘岛印尼餐厅则是通过民俗文化的展示和当地物体的陈列，来表现巴厘岛的主题的；又比如橄榄树餐厅是大量应用特别的装饰材料，以突出地中海风情主题的。可以看出，作为主题餐厅，应该运用各种手段来凸显所表现的主题，建筑设计与内部装饰是其中的重要组成部分，因为客人就是通过对餐厅的环境装饰来认识其倡导的主题文化的，而进入主题餐厅所得到的特别享受，更多地来自于餐厅的美妙环境。因此挖掘主题文化的底蕴，主要就是做好主题餐厅环境设计，这样才会带来完美的效果。结合案例谈谈如何进行宴会设计。

◎ 深度学习

宴会设计是根据宾客的要求和承办酒店的物质条件及技术条件等因素，对宴会场景、宴席台面、宴会菜单及宴会服务等进行统筹规划，并拟出实施方案和细则的创作过程。

宴会设计既是标准设计，又是活动设计。所谓标准设计，是对宴会这个特殊商品的质量标准(包括服务质量标准、菜点质量标准)进行的综合设计；所谓活动设计，是对宴会这种特殊的宴饮社交活动方案进行的策划、设计。

1.3.1 宴会设计的作用

1．计划作用

宴会设计方案就是宴饮活动的计划书，它对宴饮活动的内容、程序、形式等起到了计划作用。举办一场宴会，要做的事情很多，从与顾客洽谈到原料采购，从环境布置、卫生清扫到餐桌摆台、灯光音响，从菜单设计、菜品加工到上菜程序、酒水服务，所有这些涉及餐饮部乃至酒店的许多部门和岗位，需要统一计划，统筹安排，防止出现无序状态。

2．指挥作用

一个大型宴饮活动既要统一指挥，又要让每一位员工发挥工作主动性。宴会设计方案下达以后，各部门、各岗位的员工就能够按照设计方案中规定的要求去做了。采购员按照菜单购买原料，厨师根据菜单加工烹调，服务员根据桌数、标准及其他要求进行摆台、布置等。宴会设计方案就像大合唱的指挥棒，指挥着所有宴会员工的操作行为和服务规范。

3．保证作用

宴会是酒店出售的一种特殊商品，这种商品既包含有形成分——菜点，也包含无形成分——服务。既然是商品，就有质量标准。宴会设计如质量保证书，厨师、服务员等根据已设计的质量标准去做，才能确保宴会质量。

知识链接

宴会设计的特点

1．菜点配置精美，价格档次多样

精品追求是宴会菜点的文化特征。其菜点的原料、烹制、装盘都要美轮美奂、精美无比。宴会以食品、饮料销售为主，其档次高低由客人的支付能力来决定。高档宴会标准可人均数千元，中档宴会从几百元至千余元不等，低档只有几十元或上百元。宴会管理要适应客人多层次的消费需求，广泛组织客源，并尽可能增加高档宴会销售。宴会形式不一，有些宴会需要豪华的装饰与布置音响，有些则只需一般桌椅陈设及视听设备即可，如餐会、鸡尾酒会等。

2．氛围高雅精致，服务舒适方便

宴会厅房布置豪华，餐具使用名贵，出品精良，利润要求也较高。宴会客人的身份地位较高，客人的期望值较高，服务要求也高。这就要求宴会必须十分重视环境布置、台型设计、座次安排、设备配置、菜单设计和服务质量管理等各个方面的工作。为使场面隆重，在会场布置上颇费心思，如增设舞台、红地毯、花卉、气球、灯光、特效、乐队、娱乐节目表演等，营造出宴会的华丽气氛。

3．参加人数众多，用餐标准统一

一切宴会，少则十余人，多则数百人、上千人。众多客人同时就餐，每桌宴席用餐标准统一，使用完全相同的菜单，在同一时间内要求提供相同的、大量的餐饮服务。要求宴会部在人力、物力、出品、服务等方面统筹安排，统一指挥，协同作战，完成任务。

4．工作繁复多变，横向配合密切

宴会部不仅承担宴会接待工作，在大宴会厅还能举办各种会议、讲座、展览等多功能的活动。宴会部与其他部门的横向配合频繁：有营销部门的环境布置；绿化部门的台面花草设计，厅房的绿色植物布置；公共卫生部门的宴会等待区、公厕的及时卫生保洁；工程部门的舞台灯光布置、话筒音乐的控制播放、多媒体设备的调试；保安部门的客人停车安排，现场的客人安全等，都需要宴会部的现场协调检查与配合。

5. 频繁研发新产品，持续推介新品

老客户、回头客的多少，是衡量宴会部的服务质量、产品质量的一个重要标志。客人具有“喜新厌旧”心理，为满足宾客追求新鲜感和个性化的需求，要不断研发、创新、推销宴会新产品，内容包括厨房出品、厅房布置、服务方式等。

6. 积极推销预订，周密统筹安排

餐厅是连续性营业的，而宴会则是断续性进行。宴会的原料、烹调、厅堂和服务的准备工作面广，需花费极大的物力、人力和精力，需要较长时间的准备，因此大部分宴会都要事先预约。而在节假日来临时，赴宴客人又很多，这就更需要预订，统筹安排。

1.3.2 宴会设计的要求

1. 主题突出

【参考视频】

宴会都有目的，目的就是主题。围绕宴饮目的，突出宴会主题，乃是宴会设计的宗旨。例如国宴的目的是国家之间相互沟通、友好交往，在设计上要突出热烈、友好、和睦的主题气氛。婚宴的目的是庆贺喜结良缘，设计时要突出吉祥、喜庆、佳偶天成的主题意境。

2. 特色鲜明

宴会设计贵在特色，可在菜点、酒水、台面、服务方式、娱乐、场境布局等来表现。不同的进餐对象，由于其年龄、职业、地位、性格等不同，其饮食爱好和审美情趣各不一样，因此，宴会设计不可千篇一律。

宴会特色集中反映的是它的民族特色、地方特色或本酒店的浓厚风格特征。通过地方名特菜点、民族服饰、地方音乐、传统礼仪等，展示宴会的民族特色或地方风格，反映一个地区或民族淳朴的民俗风情。

3. 安全舒适

宴会既是一种欢快、友好的社交活动，也是一种颐养身心的娱乐活动。赴宴者乘兴而来，为的是获得一种精神和物质的双重享受，因此，安全和舒适是所有赴宴者的共同追求。宴会设计时要充分考虑和防止不安全因素的发生(如电、火、食品卫生、建筑设施、服务活动等)，避免顾客遭受身心损害。优美的环境、清新的空气、适宜的室温、可口的饭菜、悦耳的音乐、柔和的灯光、优良的服务是所有赴宴者的共同追求，构成了舒适的重要因素。

4. 美观和谐

宴会设计是一种“美”的创造活动，宴会场境、台面设计、菜点组合、灯光音响，乃至服务人员的容貌、语言、举止、装束等，都包含着许多美学内容，体现了一定的美学思想。宴会设计就是将宴会活动过程中所涉及的各种审美因素，进行有机的组合，达到一种协调一致、美观和谐的美感要求。

5. 核算科学

宴会设计从其目的来看，可分为效果设计和成本设计。前面谈到的四点要求，都是围绕宴会效果来设计的。作为企业的酒店，其最终目的还是为了盈利，因此，宴会设计还要考虑成本因素，对宴会的各个环节、各个消耗成本的因素要进行科学、认真的核算，确保宴会的正常盈利。

知识链接

宴会设计的要素

1. 人

这里所说的人包括设计者及餐厅服务人员、厨师、宴会主人、宴会来宾等。宴会设计者是宴饮活动的总设计师、总导演、总指挥，其学识水平、工作经验是宴会设计乃至宴会举办成功与否的关键。餐厅服务员是宴会设计方案的具体实施者，要根据服务人员的具体情况，做出合理的分配和安排。厨师是宴会菜品的生产者，要充分了解厨师的技术水平和风格特征，然后对宴席菜单做出科学、巧妙的设计。宴会主人是宴会产品的购买者和消费者，宴会设计时一定要考虑迎合主人的爱好，满足主人的要求。宴会来宾是宴会最主要的消费者，宴会设计时要充分考虑来宾的身份、习惯等因素，进行有针对性的设计。

2. 物

宴会举办过程中所需要的各种物资设备，这是宴会设计的前提和基础，包括餐厅桌、椅、餐具、饰品、厨房炊具，尤其是各种食品原料等。宴会设计必须紧紧围绕这些硬件条件进行，否则，脱离实际的设计肯定是要失败的。

3. 境

【参考视频】

宴会举办的环境，包括自然环境和建筑装饰环境等。环境因素影响宴会设计。繁华闹市临街设宴与幽静林中的山庄别墅设宴、豪华宽敞的大宴会厅与装饰典雅的小包房设宴、金碧辉煌的现代餐厅设宴与民风古朴的竹楼餐厅设宴的设计都不一样。

4. 时

时间因素包括季节、订餐时间、举办时间、宴会持续时间、各环节协调时间等。季节不同，宴席菜点用料有别；中餐与晚餐也有一定的差异；订餐时间与举办时间的间隔长短，决定宴会设计的繁简；宴会持续时间的多少，决定服务方式和服务内容的安排；大型或重要宴会 VIP 活动内容的时间安排与协调，影响整个宴饮活动的顺利进行。

5. 事

宴会为何事而办，达到何种目的。不同的宴事，其环境布置、台面设计、菜点安排、服务内容是不尽相同的。宴会设计要因事设计，设计方案要突出和针对宴会主题——宴事，不可偏离或雷同。

6. 钱

宴会设计要根据宴会主人的不同宴席标准来设计不同档次的菜单，同时，要考虑各种人工、原料、管理等各种成本，对每道菜点、桌宴进行精确的核算，保证获得较高的毛利率和正常盈利。

1.3.3 宴会设计的内容

1．宴会场景设计

宴会环境包括大环境和小环境两种，大环境就是宴会所处的特殊的自然环境，如海滨(图 1-5)、船上、草原蒙古包等。小环境就是指宴会举办宴会场地。宴会场景设计对宴会主题的渲染和衬托具有十分重要的作用。

【参考视频】

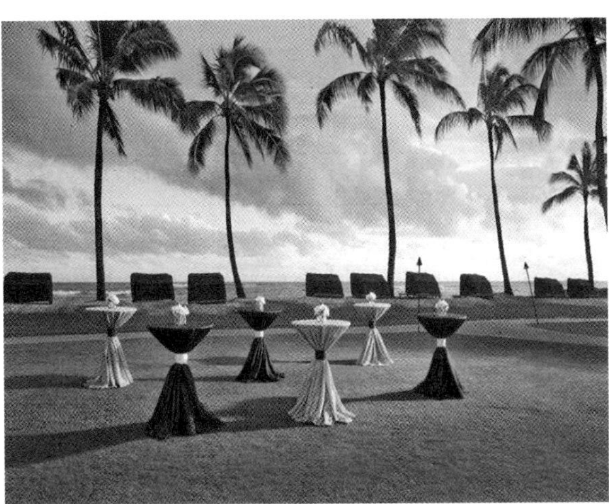

图 1-5　海滨

2．宴会台面设计

台面设计要起到烘托宴会气氛、突出宴会主题，提高宴会档次的作用，例如台面天鹅印象(图 1-6)。可以借助物品与餐具进行组合造型，深化意境。根据客人进餐目的和主题要求，将各种餐具和桌面装饰物进行组合造型的创作，包括台面物品的组成和装饰造型、台面设计的意境和台型的组合摆放等。

图 1-6　天鹅印象

3. 菜单设计

科学、合理地设计宴会菜单是宴会设计的核心。要以用餐标准为前提，以宾客需要为中心，以酒店技术力量为基础做好菜单设计。菜单设计包括营养设计、味型设计、色泽设计、烹调方法设计等。

4. 服务及程序设计

对整个宴饮活动的程序安排、服务方式规范等进行设计，其内容包括接待程序与服务程序、行为举止与礼仪规范、席间乐曲与娱乐杂兴等设计。

1.3.4 宴会设计的程序

【参考视频】

1. 获取信息

获取宴会时间、价格、对象、意图、规模、条件等信息，做到“八知三了解”(知出席人数，知宴会桌数，知宴席标准，知主办单位，知宾主身份，知客人国籍，知开宴时间，知菜式品种及出菜顺序；了解宾客风俗习惯，了解客人生活忌讳，了解宾客特殊要求)，各种信息都要准确、详细、真实。

2. 分析研究

全面、认真分析研究信息资料，了解其特点和作用，突出宴会主题，满足顾客要求，具有独特个性。

3. 起草方案

富有经验的宴会设计人员应综合多方面的意见和建议，负责起草详细、具体的设计草案。可制订出2～3套可行性方案供选择。最后草案由主管领导或主办单位负责人初步审定。

4. 修改定稿

倾听主办单位负责人或具体办事人员的意见与建议，对草案进行反复修改，尽量满足其合理要求，由主管领导或主办单位负责人最后定稿。设计方案既要切合实际，又要富有创意。

5. 严格执行

召集各部门负责人开会，设计方案以书面形式向有关部门和个人下发，明确职责，交代任务，根据设计方案落实执行，执行中由于情况发生变化，及时予以调整。

知识链接

宴会设计人员应具备的文化知识

1. 饮食烹饪知识

一套宴席菜单中包括各类菜品二十余种，从酒店成百上千道菜品中精心选配而成。宴会设计人员要掌握菜肴知识，包括每道菜的用料、烹调方法、味型特点等，熟知不同菜点的组合、搭配效果。

2. 成本核算知识

掌握宴会成本核算知识，根据客人宴会价格标准，对宴会的直接成本和间接成本做出科学、准确的核算，确保正常盈利。

3. 营养卫生知识

了解各种食物原料的营养成分状况以及烹调方法对各营养素的影响，各营养素的生理作用，宴会菜肴各营养素的合理搭配和科学组合等。

4. 餐饮服务知识

有丰富的餐饮服务经验和服务技能，掌握宴会服务规律，设计切合实际便于操作的宴会服务流程。

5. 心理学知识

顾客由于其年龄、性别、职业、信仰、民族、地位等各不相同，文化修养、审美情趣、饮食心理各异。掌握顾客的餐饮消费心理，投其所好，避其所忌。

6. 民俗学知识

"十里不同风，百里不同俗"。要充分展示本地的民风、民俗，同时也要适应客人的生活习俗和禁忌，切不可冲犯。

7. 美学知识

宴会设计要考虑时间与节奏、空间与布局、礼仪与风度、食品与器具、菜肴的色彩与装盘等内容，都需要美学原理作为指导。

8. 文学知识

好的菜名可起到先声夺人的效果，食者未尝其味而先闻其声。许多菜肴的民间传说也蕴含着浓厚的文学色彩，这需要有一定的文学修养。

9. 历史学知识

对历史文化、社会生活有一定的了解，探讨饮食文化的演变和发展，挖掘和整理具有浓郁地方历史文化特色的仿古宴，创新风格古朴、品位高雅的宴席。

10. 管理学知识

宴会方案的设计与实施都是一个管理问题，包括人员管理、物资管理、成本管理、现场指挥管理等。必须掌握管理学原理、餐饮运行规律以及宴会服务规程。

课堂讨论

1. 阅读案例，面对竞争激烈的餐饮行业，酒店从业人员应该如何设计管理宴会？

不知从什么时候起，"主题宴会"悄然出现。其独特的餐饮新概念，别具一格的装饰，使前来就餐的顾客既可以品尝到美味佳肴，同时又能体会到某种文化氛围。引入主题餐厅美食广场这个概念最早是从百货公司开始，美食广场规划设计独具特色，装修别具风格。

美食广场尽量营造一个舒适的环境，汇聚天下精美小吃，经营品种上绝不是千篇一律，在每个地区力求做出本地的特色，根据周边环境和当地人的饮食习惯来选择经营品种，以此吸引消费者。

2．了解宴会设计的作用。
3．明确宴会设计的要求。
4．掌握宴会设计的内容。
5．阅读引导案例，分析进行宴会设计工作人员应掌握哪些知识？

北京“行者部落”把主题餐厅、秘制汤锅、风情礼品、艺术家居四者巧妙结合，各种艺术沙龙、经理人俱乐部、设计师论坛、传媒研讨、外企高层聚会相继举办，一时成为媒体焦点。顾客在品尝 20 种少见的药材泡制的御膳滋补汤锅、环球风情套餐、中西精致面点等风情美味的同时，还可以欣赏到澳洲土著风情礼品、走进非洲文化礼品、回顾俄罗斯历史礼品、东巴艺术宗教礼品、西藏密宗雪域礼品、敦煌石窟典藏礼品、陕西民间乡土礼品等风情礼品。几十位设计师量身定制的艺术家居错落分布，让人身处“行者部落”就如畅游于文化流动的湖泊中，并观赏着两岸风情。厅里所有的陈设都是行囊里的收获。那一件件透着故事的物品将“行者部落”的主题餐厅布置得恍如中世纪的文化长廊。

单元小结

通过本单元的学习，使学习者了解宴会场景设计的内容，通过分析宴会设计的要求，明确宴会设计的步骤和方法，进一步认识宴会设计，使管理者认识到宴会设计的重要性。

宴会设计师

宴会设计师在国外是一个高端时尚的职业，他需要具备很高的综合素质和敏锐的沟通能力以及严谨的执行力。这个职业近几年在国内刚刚兴起，属于一个新兴行业。

宴会设计师涉及和服务的领域有：私人聚会、Party、五星级酒店的宴会设计部、高级私人会所宴会设计部、高端婚礼宴请(图 1-7)、演员明星生日会、高端商务宴请、时尚新闻发布会等。

宴会设计师的工作职责：根据客户需求，协助客户利用各类资源(包括时间、场景、人物、舞美道具、空间搭配等)，策划执行宴会，满足客户举办宴会的目的。

国外宴会设计师的学习科目：宴会礼仪，宴会饮食文化，心理学，灯光舞美，空间花艺，色彩学，市场营销，创意策划，团队协作，音乐，舞蹈，流行文化等。

他们所服务的人群较为高端和商务化，这类人群需要宴会设计师为他们提供关于宴会设计及执行的专业服务。

图 1-7　高端婚礼宴请

考考你

1. 宴会设计有哪些作用？
2. 宴会设计有哪些要求？
3. 宴会设计有哪些主要内容？
4. 简述宴会设计的程序。

【本章小结】

本章全面地阐述了我国宴会的起源与演变的过程，并概括了我国宴会起源于夏代，形成于周代，兴于唐代，盛于明清，创新于现代。针对当前宴会的现状，提出宴会的改革与创新，分析了宴会的特点和作用，科学地对各种类型宴会进行分类和命名，介绍了宴会设计的基本知识，使学习者对我国宴会有了初步的了解，以此为基础能够为后续课程中的设计思路提供较好的理论支撑。

【知识回顾】

1. 简述学习宴会设计这门课的好处。
2. 试述宴会的起源。
3. 中西合璧形式的宴会具有哪些特点？

4．我国对于宴会改革，都做了哪些工作？

5．宴会的特点和作用有哪些？在宴会设计中应注意哪些要求？

6．分析中式宴会与西式宴会在菜品结构及内容上有哪些区别？

7．根据本地区域特点，设计一个宴会台面的名称？

【体验练习】

选择你所在城市中的某星级酒店或社会餐饮，了解该企业所经营的宴会产品种类、开业时间、文化理念及面向消费者的档次，对宴会有初步的认识。

Chapter 2

宴会设计策划

【学习任务】

- 了解宴会场景设计的方法
- 掌握宴会主题词设计的方法
- 掌握宴会菜单设计的种类
- 掌握宴会台面设计的方法
- 掌握宴会服务设计的流程

【知识导读】

目前，我国对宴会的研究已涉及宴会发生和发展的历史，宴会在饮食文化学中的地位和作用，宴会在文化、科学和艺术等方面的实际内涵，宴会与饮食民俗学的关系，以及宴会设计、组织和管理等方面。就餐饮行业而言，大多数客人选择就餐的目的已经不是解决温饱，而是休闲及享受过程，因此，在实际工作中迫切需要而又贴近工作的，当然是宴会的场景设计、宴会主题设计、菜单设计、台面设计及服务设计。

【内容安排】

- 宴会场景设计
- 宴会主题词设计
- 宴会菜单设计
- 宴会台面设计
- 宴会服务设计

2.1 宴会场景设计

凯悦酒店集团旗下的两家滑雪度假酒店亮相长白山

凯悦酒店集团携旗下双品牌——长白山柏悦酒店和长白山凯悦酒店，将于 2013 年金秋时节正式亮相美丽的长白山畔，为来自国内外的游客带来全新的酒店体验。坐落于万达长白山国际旅游区内，毗邻而居的长白山柏悦酒店和长白山凯悦酒店，将是凯悦在中国首次推出的滑雪度假酒店。

长白山柏悦酒店占地面积为 28320 平方米，将成为在中国境内继北京、上海、宁波之后的第四家柏悦酒店，同时也是长白山地区的首家高级酒店。秉承柏悦品牌一贯的高雅气质，酒店卓越的室内设计融合高品位的艺术精髓，从豪华宽大的客房，到考究而细腻的装饰和设施，从精心设计并融合本地特色的餐饮服务、专属宴会设施，到结合中西传统的豪华水疗，长白山柏悦酒店将成为注重个性化体验和私密氛围的高品位旅行者的首选。

1．宴会设施

长白山柏悦酒店为宾客提供了多种完善的会议、宴会设施，共设一个大宴会厅、两间包间和一间贵宾厅。无论是严肃的企业会议，或是轻松的晚宴，长白山柏悦酒店均可承接。住宅风格的宴会设施，充分利用自然光线，整体氛围温馨典雅，并提供各种精致的菜肴。

从空间感到音频、视频设施，长白山柏悦酒店的包间和贵宾厅都经过精心设计，以提供最佳配置。

长白山凯悦酒店宽敞舒适的客房、真诚热情的服务、风格各异的餐饮、多功能会议场地以及设施齐全的水疗康体设施和凯悦儿童营等丰富多样的设施及活动，是家庭游客寻求温馨山地假期，或者公司会议奖励旅游的理想场所。

2．会议及宴会设施

长白山凯悦酒店拥有超过 2000 平方米的大型会议场地，先进的科技产品及设施一应俱全，全面满足度假及会议的一切需求。优美的居家型会议室、宴会厅以及室外平台，装备一流的视听设备的宴会厅、会议沙龙、会议室及交互式食品及饮料区，资深的宴会团队及专业的厨师团队致力于满足您的需求。

凯悦集团是通过哪些场景设计突出长白山主题餐厅的?

◎ 深度学习

2.1.1 宴会场景设计的内容

宴会场景是指一定环境给予赴宴者的感受和氛围。宴会场景直接影响着宾客的心态和情绪，关系到宴会的成败。宴会场景分为外部气氛与内部气氛，有形气氛和无形气氛。宴会场景设计就是利用灯光、色彩、装饰物、声音、温湿度、绿色植物等为宾客创造出一种理想的宴会氛围。

1．宴会场地自然环境

【参考视频】

自然环境主要指宴会所处的特殊自然环境，如海边、山巅、船上、临街、草原蒙古包、高层旋转餐厅等。新的宴会格局不断涌现，各种特色宴会层出不穷。例如草地宴会、广场宴会、湖边宴会、树林宴会、游泳池边等，让人们感受大自然的温馨，满足回归自然的渴望。良好的自然环境对宴会主题、顾客消费心理、宴会举办的效果等带来积极的影响，增强顾客就餐时的愉悦感和美感。

 知识链接

自 然 环 境

天成的自然环境要靠人去合理选择和利用，即“借景”。名山胜水的景观，古风犹存的市肆、车水马龙的街景、别具一格的建筑群等，都可作“借用”的宴饮环境。如杭州西湖著名的“楼外楼”菜馆(图 2-1)，坐落在景色清幽的孤山南麓，面对淡妆浓抹的佳山丽水。为了充分利用西湖之景，二楼宴会厅采用落地长窗，凭窗远眺，湖中三岛、六桥烟柳，尽入眼帘，顿有“湖光连天远，山色上楼多”之感。在此宴饮，真正称得上是“佳肴与美景共餐”。又如北京五星级的“贵宾楼”饭店(图 2-2)，地处故宫东侧，长安街旁的闹市区。他们将高层餐位设置于饭店西边，推窗望去，神秘的故宫建筑群、雄伟的天安门、庄严的金銮殿、弯曲的护城河均历历在目，设宴于此，令人仿佛置身于东方古老都市的文化氛围之中。

图 2-1 “楼外楼”菜馆

图 2-2　“贵宾楼”饭店

2. 宴会厅建筑风格

宴会厅的建筑环境包括建筑风格、餐厅装修特点等。我国餐厅风格各具特色。

(1) 宫殿式(图 2-3)。

宫殿是古代帝王居住的场所，是庄严、豪华、至高无上的象征。

图 2-3　宫殿式

(2) 园林式(图 2-4)。

中国古代园林以幽、雅、清、静为特征，三大流派各具特色：皇家园林富丽堂皇；江南私家园林以小桥流水、曲径通幽、清淡优雅；岭南商业阶层园林琳琅满目、五颜六色。最有代表性的是江南园林，有三种形式：①园林中的餐厅：置身于此宴饮，似有“开窗面秀色，把酒话春秋”之惬意。例如北京颐和园“听鹂馆”、扬州个园“宜雨轩”。②餐厅中的园林：以杭州“天香楼”为代表。③园林式餐厅：园林与餐厅浑然一体，园林即餐厅，餐厅即园林。

图 2-4　园林式

(3) 民族式(图 2-5)。

民族式包括两层含义：一是我国有五十多个民族，不同的民族在建筑装饰方面各有特点，如傣族风味餐厅、伊斯兰风味餐厅；二是就人口众多的汉民族而言，不同地域有其独特的地域性文化特征，亦称文化圈，如楚文化、吴文化、齐鲁文化等。在建筑装饰方面带有地方风格特征，亦称民族性。

图 2-5　民族式

知识链接

吴文化宴会厅风格的特色和意义

吴文化泛指吴地古今物质文明和精神文明的所有成果，泛称吴地文化、江南文化、吴越文化、苏州文化等。其以先吴和吴国文化为基础，经战国、秦汉、魏晋南北朝的生长，及隋、唐、宋、元历代发展，至明代形成高峰。清代后随着中国封建社会的衰落和资本主义的萌芽，吴文化开始从传统文化定式向现代文化方向转型。

从吴文化所处的地理位置和自然环境来看，吴地中心位于长江下游的太湖流域，这里山青水秀、水网密布、河道纵横，气候温润，降水充沛，加之庞大的太湖水、长江水、运河水等水体，构成了吴人及其文化赖以生存的水乡泽国，成为吴地显著的地域特色。水成了吴地居民不可缺少的物质与精神元素。

(4) 现代式(图 2-6)。

现代式以几何形体和直线条为特征，色彩明快，比较符合现代人，尤其是青年人的审美心理。大城市酒店大多是这种餐台。

图 2-6　现代式

(5) 综合式(图 2-7)。

综合式是指不同程度地融合了其他的形式，采用两种或两种以上的形式，综合成一种新的风格，集众所长，适合不同类型顾客的审美需求。

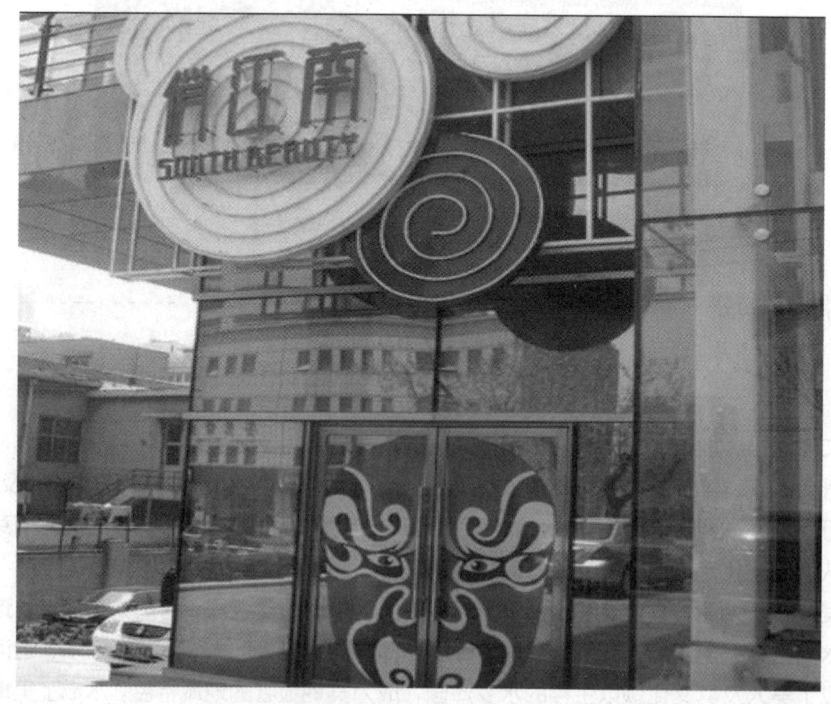

图 2-7　综合式

(6) 移动式(图 2-8)。

移动式例如飞机、火车、轮船、高楼旋转餐厅等，移动的进餐环境，给顾客以新鲜的感觉。

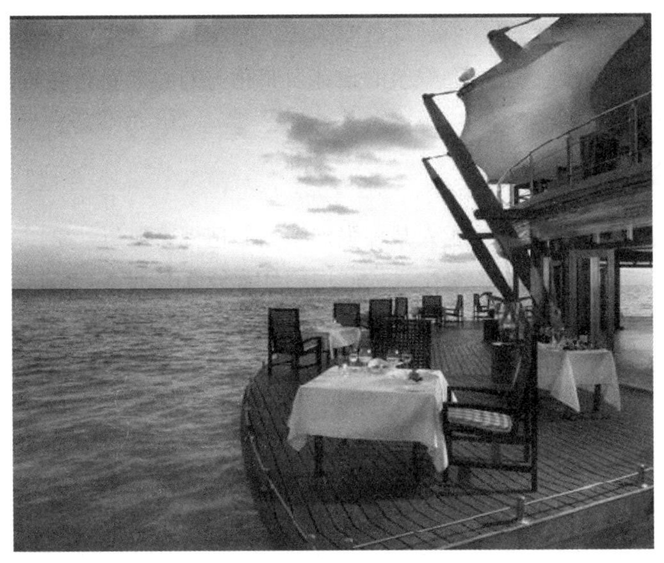

图 2-8　移动式

3．宴会举办场地环境

宴会场地环境由场地大小和虚实、室内陈设和装饰、餐厅灯光和色彩、场地清洁卫生、室内空气质量与温度以及餐厅家具陈设等因素组成。这是宴会环境布局设计的重点部分。

宴会场地环境分为可变环境和不可变环境。宴会厅室内装饰，如灯具、顶棚、墙壁及餐厅的整体色彩和家具是不可变环境，装饰完成之后，很难在短期内发生变化，也不容易因为宴会主题的需要而轻易改变。室内清洁程度、空气质量、温度高低、灯光明暗以及点缀绿化装饰是餐厅环境的可变因素。宴会设计就是要充分调动和利用以上因素为衬托宴会的主题服务。

 **知识链接**

中式餐厅的灯光设计

中式餐厅灯光色彩宜以明朗轻快的色调为主，最适合用的是橙色以及相同色相的姐妹色。这两种色彩都有刺激食欲的功效，它们不仅能给人以温馨感，而且能提高进餐者的兴致。餐厅灯具整体色彩搭配时，还应注意地面色调较深，墙面可用中间色调，天花板色调则浅，以增加稳重感。在不同的时间、季节及心理状态下，人们对色彩的感受会有所变化，这时，可利用灯光来调节室内色彩气氛，以达到利于饮食的目的。家具颜色较深时，可通过明快清新的淡色或蓝白、绿白、红白相间的台布来衬托。桌面配以纯白餐具，可更具魅力。例如，一个人进餐时，往往显得乏味，可使用红色桌布以消除孤独感。灯具可选用白炽灯，经反光罩以柔和的橙色光映照室内，形成橙黄色环境，消除死气沉沉的低落感。冬夜，可选用烛光色彩的光源照明，或选用橙色射灯，使光线集中在餐桌上，也会产生温暖的感觉。

2.1.2 宴会环境气氛设计

宴会的气氛是宴会设计的一项重要内容。气氛设计的优劣直接影响着宴会厅对顾客的吸引力。认真地研究宴会气氛的设计及其相关的因素，对搞好宴会经营，有一定的指导意义。

1．认识宴会环境气氛

气氛是指一定环境中给予人某种强烈感觉的精神表现与景象。宴会的气氛就是指举行宴会时，顾客所面对的整个宴会厅内的环境。宴会的气氛包括两个主要部分：一种为有形气氛，如宴会厅面积、餐桌位置摆设、花草景色、内部装潢、构造和空间布局等方面；另一种是无形的气氛，要依靠设计人员和管理人员的协作共同创造出和谐美好的氛围。

2．宴会环境气氛的作用

宴会气氛是宴会整体设计的重要组成部分，宴会气氛的好坏对顾客有很大的影响，从而直接关系到宴会经营的成败。理想的宴会气氛，应具有下面的作用。

(1) 宴会气氛与宴会的其他设计工作共同组成一个有机的整体，能体现宴会的主题思想。

【参考视频】

(2) 宴会气氛的主要作用在于影响顾客的心境。所谓心境，就是指顾客对组成宴会气氛的各种因素的心理反应。优良的宴会气氛完全能够影响顾客的情绪和心境，给顾客留下深刻的印象，使顾客愿意再次惠顾。现代餐饮业中不同类型的宴会厅采取不同风格的装饰美化，以及同一宴会厅中，用不同的装饰、灯光、色彩、背景等手段来丰富餐饮环境，目的都是满足不同顾客的心理需求

(3) 宴会气氛是多因素的组合，能影响消费者的“舒适”程度。优良的宴会气氛是宴会厅的光线、色调、音响、气味、温度等因素的最佳组合。它们直接影响顾客的“舒适”程度。要想进行优良的气氛设计，就要考虑到“舒适”这一标准，由于“舒适”的含义是抽象的，况且不同的顾客对“舒适”又有不同的标准，因此，要想达到“舒适”就必须深入了解宴会的主题及顾客的心理需求。

(4) 宴会气氛设计是宴会经营的良好手段。顾客的职业、种族、风俗习惯、社会背景、收入水平和就餐时间以及偏好等因素都将直接影响宴会的经营。针对宴会主题及顾客要求进行气氛设计，既体现饭店的能力与实力，又能促进宴会的推销。

3．宴会气氛的内容

要想达到良好的宴会气氛设计，通常要考虑如下几项基本内容。

1) 光线

光线是宴会气氛设计应该考虑的最关键因素之一，因为光线系统能够决定宴会厅的格调。在灯光设计时，应根据宴会厅的风格、档次、空间大小、宴会的种类及主办方的要求进行设计。

宴会厅使用的光线种类很多，如白炽灯光、烛光及彩光等。不同的光线有不同的作用。白炽灯光是宴会厅使用的一种重要光线，能够突出宴会厅的豪华气派。这种光线最容易控制，食品在这种光线下看上去最自然。而且调暗光线，能增加顾客的舒适感。烛光属于暖色，是传统的光线，采用烛光能调节宴会厅的气氛，这种光线的红色火焰能使顾客和食物都显得漂亮，适用于西式冷餐会、节日盛会、生日宴会等。彩色光是光线设计时应该考虑到的另一因素。彩色的光线会影响人的面部和衣着，例如桃红色、乳白色和琥珀色光线可用来衬托热情友好的气氛。

【参考视频】

知识链接

宴会与光线

不同形式的宴会对光线的要求也不一样，中式宴会以金黄和红黄光为主，而且大多使用暴露光源，使之产生轻度眩光，以进一步增加宴会热闹的气氛。灯具也以富有民族特色的造型见长，一般以吊灯、宫灯配合使用，要与宴会厅总的风格相吻合。西式宴会的传统气氛特点是幽静、安逸、雅致，西餐厅的照明应适当偏暗些、柔和些，同时应使餐桌照度稍强于餐厅本身的照度，以使餐厅空间在视觉上变小而产生亲密感。

在办宴过程中，还要注意灯光的变化调节，以形成不同的宴会气氛。例如结婚喜宴在新郎、新娘进场时，宴会厅灯光调暗，仅留舞台聚光灯及追踪灯照射在新人身上；新郎、新娘定位后，灯光调亮；新郎、新娘切蛋糕时，灯光调暗，仅留舞台聚光灯。灯光的变化始终围绕喜宴的主角——新郎、新娘。

在宴会厅中，宴会厅照明应强于过道、走廊的照明，而宴会厅其他的照明则不能强于餐桌照明。总之，灯光的设计运用应围绕宴会的主题，以满足顾客的心理需求。

2）色彩

色彩是宴会气氛中可视的重要因素。它是设计人员用来创造各种心境的工具。不同的色彩对人的心理和行为有不同的影响。例如红、橙之类的颜色有振奋、激励的效果，绿色则有宁静、镇静的作用，桃红和紫红等颜色有一种柔和、悠闲的作用，黑色则表示肃穆、悲哀。

颜色的使用还与季节有关，寒冷的冬季，宴会厅里应该使用暖色(如红、橙、黄等)，从而给顾客一种温暖的感觉。炎热的夏季，绿、蓝等冷色的效果最佳。

色彩的运用更重要的是能表达宴会的主题思想。红色使人联想到喜庆、光荣，使人兴奋、激动，我国的传统“红色”表示吉祥，举办喜庆宴会时，在餐厅布置、台面和餐具的选用上多使用红色，而忌讳白色(办丧事的常用色调)；但西方喜宴多用白色，因为白色表示纯洁、善良。

知识链接

色彩与宴会厅

不同的宴会厅，色彩设计应有区别，一般豪华宴会厅宜使用较暖或明亮的颜色，夜晚，当灯光在538Lx时，可使用暗红色或橙色。地毯使用红色，可增加富丽堂皇的感觉。中餐宴会厅一般适宜使用暖色，以红、黄为主调，辅以其他色彩，丰富其变化，以创造温暖热情、欢乐喜庆的环境气氛，迎合进餐者热烈兴奋的心理要求。西餐宴会厅可采用咖啡、褐色、红色之类，色暖而较深沉，以创造古朴稳重、宁静安逸的气氛。也可采用乳白、浅褐之类，使环境的整体氛围明快而富有现代气息。

3）温度、湿度和气味

温度、湿度和气味是宴会厅气氛的另一方面，它直接影响着顾客的舒适程度。温度太高或太低，湿度过大或过小，以及气味的种类都会给顾客带来迅速的反应。豪华的宴会厅多用较高的温度来增加其舒适程度，因为较温暖的环境给顾客以舒适、轻松的感觉。宾客因职业、性别、年龄的不同而对宴会厅的温度、湿度有不同的要求。通常，女士喜欢的温度高于男士，活跃人士喜欢较低的温度。此外，季节不同，宾客对温度的感受也不一样。宴会厅的温度要注意保持稳定，且与室外气温相适应，室内外温差不高于10℃为宜。

湿度会影响顾客的心情。湿度过低，即过于干燥，会使顾客心绪烦躁。适当的湿度，才能增加宴会厅的舒适程度。

气味也是宴会气氛中的重要组成因素。气味通常能够给顾客留下极为深刻的印象。顾客对气味的记忆要比视觉和听觉记忆更加深刻。如果气味不能严格控制，宴会厅里充满了污物和一些不正常的气味，必然会给顾客的就餐造成极为不良的影响。

 **知识链接**

宴会厅舒适指标

一般宴会厅温度、湿度、空气质量达到舒适程度的指标如下。

(1) 温度。

冬季温度不低于18～22℃，夏季温度不高于22～24℃，用餐高峰客人较多时不超过24～26℃，室温可随意调节。

(2) 湿度相对湿度40%～60%。

(3) 空气质量。

室内通风良好，空气新鲜，换气量不低于30m^3/(人 · 小时)，其中CO含量不超过5毫克/立方米，CO_2含量不超过0.1%，可吸入颗粒物不超过0.1毫克/立方米。

4）家具

家具的选择和使用是形成宴会厅整体气氛的一个重要部分。家具陈设质量直接影响宴会厅空间环境的艺术效果，对于宴会服务的质量水平也有举足轻重的影响。

宴会厅的家具一般包括餐桌、餐椅、服务台、餐具柜、屏风、花架等。家具设计应配套，以使其与宴会厅其他装饰布置相映成趣，统一和谐。

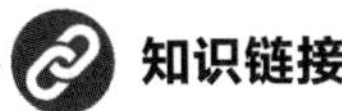
知识链接

宴会厅家具设计小技巧

家具的设计或选择应根据宴会的性质而定。以餐桌而言，中式宴会常以圆桌为主，西式宴会以长方桌为主，餐桌的形状为特定的宴会服务。宴会厅家具的外观与舒适感也同样十分重要。外观与类型一样，必须与宴会厅的装饰风格统一。家具的舒适感取决于家具的造型是否科学，尺寸比例是否符合人体结构规律，应该注意餐桌的高度和椅子的高度及倾斜度。餐桌和椅子的高度必须合理搭配，不能使客人因桌、椅不适而增加疲劳感，而应该让客人感到自然、舒适。

除了桌、椅之外，宴会厅的窗帘、壁画、屏风等都是应该考虑的因素，就艺术手段而言，围与透、虚与实的结合是环境布局常用的方法。“围”指封闭紧凑，“透”指空旷开阔。宴会厅空间如果有围无透，会令人感到压抑沉闷，但若有透无围，又会让人觉得空虚散漫。墙壁、天花板、隔断、屏风等能产生围的效果；开窗借景、风景壁画、布景箱、山水盆景等能产生透的感觉。宴会厅及多功能厅，如果同时举行多场宴会，则必须要使用隔断或屏风，以免互相干扰。小宴会厅、小型餐厅则大多需要用窗外景色，或悬挂壁画，放置盆景等以造成扩大的视觉效果。大型宴会的布置要突出主桌，主桌要突出主席位。以正面墙壁装饰为主，对面墙次之，侧面墙再次之。

5）声音

声音是指宴会厅里的噪声和音乐。噪声是由空调、顾客流动和宴会厅外部噪声所形成的。宴会厅应加强对噪声的控制，以利于宴会的顺利进行。一般宴会厅的噪声不超过 50 分贝，空调设备的噪声应低于 40 分贝。

主题宴会背景音乐设计是通过声音的传播，影响宾客的心理，可以产生一种主题宴会预期的遐想意境。其主题宴会音乐设计的方法如下。

(1) 根据宴会的主题和进程来设计。

背景音乐所表现出的民俗风情、自然景色、精神内涵等历史文化渊源，都是反映主题宴会的极好素材。例如，国宴上乐队演奏的两国国歌，婚宴上的《婚礼进行曲》，生日宴会上的《祝你生日快乐》，春节宴会选用《春节序曲》《步步高》《喜洋洋》《新春乐》等。另外，背景音乐要与宴会的进程相一致，如迎宾时的《迎宾曲》、祝酒时的《祝酒歌》、席间的《步步高》和送客时的《欢送进行曲》等。

(2) 根据主题宴会的装饰风格进行选择。

音乐要与主题宴会的装饰风格相吻合。仿古式宴会，壁上挂有古代名画，加上古色古香的雕栏玉柱，使人沉浸于悠远的气氛之中，此时配上古典音乐，如《阳关三叠》《春江花月夜》之类的乐曲，则会给人以古诗一般的意境美。

(3) 根据主题宴会主要目标客源的需求进行设计。

对音乐的爱好是因人的年龄、收入、文化水平和个人偏好等而异的。主题宴会承办者要准确了解客源的音乐偏好，了解其最喜欢的音乐、最喜欢的音乐家、最喜欢的曲调，根据这些信息为目标顾客安排适当的背景音乐。

在专业宴会策划中，宴会背景音乐的选择是很重要的，不适宜的宴会音乐会导致人的心情烦躁，没有办法融入整个宴会当中去，好的宴会音乐却能带给人美的享受。

6）绿化

【参考视频】

综合性酒店大多设有花房，有自己专门的园艺师负责宴会厅的布置工作，中档饭店一般由固定的花商来解决。宴会前对宴会厅进行绿化布置，使就餐环境有一种自然情调，对宴会气氛的衬托起着相当大的作用。

花卉布置以盆栽居多，如摆设大叶羊齿类的盆景，摆设马拉马栗、橡树或棕榈等大型盆栽。依不同季节摆设不同观花盆景，例如秋海棠、仙客来，悬吊绿色明亮的柚叶藤及羊齿类植物等。

宴会厅布置花卉时，要注意将塑料布铺设于地毯上，以防水渍及花草弄脏地毯，应注意盆栽的浇水及擦拭叶子灰尘等工作，凋谢的花草会破坏气氛，因此要细查花朵有无凋谢。

知识链接

宴会厅气氛的营造

有些宴会厅以人造花取代照料费力的盆栽，虽然是假花、假草，一样不可长期置之不理，蒙上灰尘的塑料花、变色的纸花都让人不舒服。应当注意：塑料花每周要水洗一次，纸花每隔两三个月要换新的。另外，尽量不要将假花、假树摆设在顾客伸手可及的地方，以免让客人发现是假物而大失情趣，甚至连食物都不觉美味。

宴会厅的气氛是宴会设计的重要任务。要想达到优良的气氛设计，必须利用现代科学技术，使室内温度、湿度、光线、色彩、空间比例适合宴会的需要，充分利用各种家具设备，进行恰到好处的组合处理，使顾客感受到安静舒适、美观雅致、柔和协调的艺术效果与艺术享受。

2.1.3 宴会厅场地设计

1．宴会场地固定部分的布置

就艺术手段而言，围与透、虚与实的结合是环境布局常用的方法。对于小宴会厅，最好借用窗外的自然景色或者悬挂壁画、放置盆景等物品，营造空间扩大的视觉效果。

无论采用何种方法点缀，都要与餐厅整体美学风格相和谐、一致，宜少而精，素而雅，品位高，使人心情舒畅，增进食欲。

知识链接

APEC 正式欢迎晚宴的壁画

2001 年的 APEC 正式欢迎晚宴的壁画既富有民族特色，又颇具现代感，整个壁画跨度长达 50 米，以中国的国花牡丹为主体，显得雍容华贵，效果令人赞叹。现代化的电脑灯控光线，衬托出牡丹的千姿百态、国色天香。宴会厅的背景则用多媒体展示各经济体国家自然风光的大屏幕，与宴会的主题、赴宴者的国籍协调和谐。

1）墙面

厅房内所占面积较大的墙面可通过竖立客户的广告板、企业标志板来进行遮挡，也可以用不同颜色的立体灯光照射、布置装饰物、大型绿色植物等手段遮挡来进行改变视觉效果。

2）地毯

在主通道上加盖地毯，大片空地上放绿色植物盆花加以遮盖和改变。

3）家具

宴会厅家具包括餐桌、餐椅、服务台、餐具柜、屏风、花架等。家具设计应配套，以使其与宴会厅其他装饰布置相映成趣，统一和谐。座具要齐全、牢固、质优。家具无污渍，清洁，无油漆剥落；金属附件光亮。用具无破损和拼凑现象，维修良好。

4）布件

窗帘内分外二层，外层材料较厚，选用颜色可较深。参照墙面颜色而定，或近似色，或反差色，选用单色的紫绛红、墨绿色、咖啡色、灰色、鹅黄色等。改变窗帘颜色的方法有：更换内、外层窗帘；选用内层浅色窗帘，外加彩色灯光照射来改变；打开窗帘借用外部城市灯光；用窗花装饰窗户，在窗帘上进行装饰，例如蝴蝶结、布幔、彩带，或者彩色气球等。

白色可在任何情况下使用。选用单一色彩的台布时，要注意与全场的色彩保持统一性。在特殊场合为了突出主桌，主桌可用其他颜色的桌布。

通常酒店备用颜色不多，因此造成台裙的颜色与环境不配。可采用圆形台布，下垂之离地面 2cm 处，替代台裙使用。

椅套以及椅套的装饰是很好的点缀辅助色，运用得当，能起到画龙点睛的作用。尤其是椅套上的饰物，它可以是其他色彩的条带、蝴蝶结、彩绳加彩穗、彩绳加中国结等。

5）绘画

宴会厅绘画品种较多，有国画、油画、水彩画、装饰画等。在选择和悬挂时要注意如下事项。

(1) 根据墙面艺术的需要和经济实力的原则来选择品种，质量和数量要突出饮食行业的特色和民族风格，以宣扬中华民族的文化艺术为主，画面内容要照顾外宾的风俗习惯和宗教信仰。

(2) 绘画内容应根据季节变化和宣传的需要适当更换。

(3) 宴会厅内的画种和内容应有穿插，不宜雷同，例如主墙是大幅山水国画，其他就不宜再用山水画，可挂花鸟画或广告画，或选择其他墙饰品种。

(4) 绘画的大小要得体，要与厅内的墙面积、家具陈设的大小、高低相适应。

(5) 挂画时要使画面高低适宜。国画挂得略高一些，西洋画挂得略低一些。

6）挂屏与壁饰

挂屏与壁饰种类很多，常见的有瓷板画、木雕画、螺钿镶嵌画、漆雕画等。壁饰有壁毯、陶瓷挂盘、砖雕、民间艺术品、生活日用品，运用这些艺术品有利于增进宴会厅墙面装饰的美感作用。

7）工艺摆件

【参考视频】

宴会厅工艺摆件有古董、瓷器、工艺品、玩石、盆景、屏风等，在选择和摆放时要注意如下事项。

(1) 工艺摆件要与宴会厅装修档次相匹配，作品的题材与宴会厅装修内涵或餐饮文化相关。古董、瓷器要高于一般的现代工艺品，在选择时还应注意底座、罩子等附配件的精致度。

(2) 宴会厅面积相对要宽敞一些，中、小件饰品要摆放在专用的琴几或古董架上，正面要留有让客人驻足观赏的空间面积。

2．宴会场地临时部分布置

宴会场地临时布置有花台、绿色植物、舞台背景、台样等，要按主办者的意愿来设计。但也不一定全部都按照主办方的意思，有时候也需要根据宴会的风格决定，所以宴会部销售人员需要多与主办方沟通。

1）背景花台

背景花台是一种在大型喜庆宴会中经常采用的渲染主题气氛的比较豪华的装饰手段。它是通过两种以上不同颜色的花或草本植物，整齐地排列在阶梯式台阶上，运用搭拼图案、字体的手段来反映主题。在南方较有条件制作。

首先搭建一个台阶，宽度是背景宽度的65%～80%，高度是背景高度的70%以上，每级台阶的深度能容下花盆的直径，高度是花盆的高度。选用价格便宜的花或草本植物，作为打底的铺垫，排列在台阶上，中间按图案、字体用另一种花搭拼。植物可选用山草、剑兰等，盆花可选用杜鹃花、小山茶花等花型较密的品种，图案花可选用玫瑰、石竹花等。中心图案可采用先将图案画在聚酯泡沫上摆在中间，周围用植物围起。

2）活动舞台

大宴会厅一般采取活动舞台，根据客人多样性的要求，搭建不同大小、不同朝向、不同内容与主题的舞台。舞台最好选用活动舞台车，舞台大小尺寸一般为180cm×240cm，高度选择还应考虑厅房的高低、舞台的使用要求，演出、时装表演要适当高一点，每15cm安排一级台阶。舞台的大小尺寸，通常可以根据餐厅的大小、内用的不同来决定。如果有演出，舞台要大一点，反之可以小一点。舞台位子一般在面向大门的方位，根据餐厅形状也可安排在左侧或者右侧，但要注意尽量不要安排在紧靠主要通道入口的边上。根据餐厅地形，搭台的宽度通常是背景墙的60%左右，深度是宽度的60%左右，但是最后还是应该按实际情况来决定搭建的大小。

3）背景布置

(1) 背景布置作用。背景布置在宴会厅非常抢眼，是表现宴会设计气氛的重要组成部分，它能通过颜色、字体、单位的标志、口号、照片来反映宴会的主题。

(2) 背景规格。背景板的高度不低于背景墙高度的80%，宽度为舞台的宽度。

双层对联式在单层立板两边20%处，向前1米左右各搭两块立板，面积为单层立板的40%左右，适用于在宴会中有文艺表演，或时装表演的活动使用。

(3) 背景搭建。背景板的搭建有临时性的木架、固定性的铁架和可移动的铝合金架，配上蒙布，在布上制作各类装饰内容。在大型介绍性宴会背景中，也可使用电视屏幕墙来突出表现宴会主题。

2.1.4 宴会场景设计的要求

1. 舒适程度

舒适既是生理要求，又是心理要求，指感观上的惬意和身体上的舒坦。它通过人的感觉器官获得感受，如眼观、耳听、鼻闻、体触等而产生。

1）视觉效果

餐厅中的各种设施设备、装修装饰，其形态、色彩、餐厅的卫生状况，顾客进入餐厅都一览无余，顾客通过视觉审美的判断，如果感觉是美的、洁净的，就会产生愉悦的感觉；反之，顾客就会感觉到不舒服，影响就餐心情。

2）听觉效果

安静的环境使人舒适，因此，餐厅的背景音乐要轻柔，曲调要与餐厅的主题风格相吻合。工作人员在工作岗位中也要做到轻说话、轻走路、轻操作，不能声音太大。

3）嗅觉效果

餐厅中人员很多，因此菜肴的气味、酒水的气味、人们呼吸的气味交杂混合在一起，使人产生严重缺氧而头晕的现象，因此，要搞好排风设施。为了保证空气的清新，服务员在服务过程中，要淡妆，不能吃刺激性气味的食物。

4）触觉效果

餐饮空间要保持宽敞，便于顾客的行动，餐桌、餐椅不能摆放过密，室内与客人皮肤接触的物品，尽量要使用质量好、触感好的。

2. 轻松

轻松是精神上的需求，反义则是紧张。餐饮环境给人造成紧张的因素通常来源于两个方面：一是餐厅建筑装饰为了追求效果，制造一种恐怖、危险的气氛，使人紧张，不能接受；二是人际关系要和谐，服务员与客人要相互尊重，相互理解。员工应向客人提供富有人情味的服务。

3. 雅致

环境幽雅别致，风格独特新奇。给人留下深刻难忘的印象。因此，宴会厅的环境要清新淡雅，独具一格，避免随意模仿其他餐厅的风格。

4. 安全

无论如何设计都要保证顾客的人身及财产的安全，因此在设计宴会厅及其他项目时，首先要从安全的角度考虑设计的细节和项目。

2.1.5 宴会场景设计的原则

1．满足宾客需求

宾客需求是行动的最高指南。宴会场景设计人员必须树立宾客导向意识，与宴会的主办者充分沟通，充分了解对方的要求和意图，根据宴会的性质、规模、主题等有针对性地进行设计。

2．与宴会主题协调一致

宴会的主题种类繁多，宴会场景布置风格也多种多样，有中国传统风格、地方风格、少数民族风格、西洋古典风格、中世纪风格、现代风格等。只有将宴会的主题与宴会的装饰风格协调一致，才能创造出特定意境和特色的装饰环境、适应市场需求。例如婚宴，要求吉庆祥和、热烈隆重，在布置环境时，要热烈、吉祥。一对龙凤呈祥的雕刻、一幅鸳鸯戏水图，会起到画龙点睛、渲染气氛、强化主题意境的作用。

3．突出特色的原则

宴会的特色不但体现在菜肴、服务方式等方面，宴会场景布置设计也往往给宾客留下难忘的印象。比如胡锦涛主席 2008 年 8 月 24 日宴请参加奥运会闭幕式贵宾的宴会布置就突出了民族特色。

知识链接

奥运会闭幕式宴请贵宾

八月二十四日是北京奥运会落幕之日，胡锦涛主席在钓鱼台设国宴，以浓郁中国风款待出席奥运会闭幕式的国际贵宾。在背景墙的巨幅背景画上，人们看到了有圆满、喜庆之意的中国国花——牡丹。怒放的花朵围绕着巨画中央的中国印，以中国式的含蓄隽永，优雅地释放着中国成功举办盛会的喜悦心情。迎宾曲采用了《彩云追月》。每张桌子以鲜花为名，分别为牡丹、茉莉、兰花、月季、杜鹃、荷花、茶花、桂花、芙蓉。

课堂讨论

1．阅读案例，分析接待一场宴会如何进行场景设计。

白天鹅宾馆宏图府宴会厅迎来了尊贵的客人——参加国际咨询会的顾问、嘉宾。宴会厅里花卉的摆设极具广东特色，菜式的名字也颇有新意：良友相聚、海纳百川、紫气东来，象征着广东经济的繁荣。宴会厅里的摆设，尤其是花卉布置，极具广东特色：进门是一尊木棉花玻璃雕塑，突出广东人的坚韧和进取精神；中心摆设着高达 1.2 米，晶莹剔透的木棉花冰雕；主席桌中央的花卉以红色的富贵花和青绿色的大花蕙兰搭配，富贵花是澳洲和新西兰的特产，是悉尼奥运会上冠军花束的主花，有“冠军花”之称，象征广东经济在全国的领先地位。富贵花第一次出现在咨询会的餐桌之上，是白天鹅宾馆为这次大会所进行的特别创新。主花两边分别铺绿白相间的鲜花，透出高雅的气质。这个设计亦体现出地处广东中南部的珠三角经济红火、东西两翼蓄势待发的经济现状。

2. 寻找宴会场地临时部分的设计方法。

3. 分析绘画和工艺摆件在宴会场景设计中的作用。

4. 阅读引导案例，分析进行宴会场景设计时需要注意哪些问题？

一家以文化为主题的餐厅，在设计风格上充分体现了中国画的元素，以梅、兰、竹、菊为各宴会厅的背景墙。可是在一次大型宴会接待过程中，有好多客人都望着带有菊的背景墙而若有所思地摇头，后来客人中有一位资深的画家找到了宴会部经理，跟他说了大家的感受，经理决定向领导汇报，把这个宴会厅的背景墙更换成其他的国画。

单元小结

通过本单元的学习，使学习者了解宴会场景设计的内容，通过分析宴会氛围的作用，明确宴会氛围设计的思路和方法，强调宴会设计的要求，进一步了解宴会场景设计的原则，为学习者进行下一步的学习打下了良好的基础。

酒店宴会厅的设计要点

1. 宴会厅的构成

大宴会厅由大厅、门厅、衣帽间、贵宾室、音像控制室、家具储藏室、公共化妆间、厨房等构成。

贵宾室设在紧邻大厅主席台的位置，有专门通往主席台大厅的通道。贵宾室里应配置高级家具等设施和专用的洗手间。

音像控制室、辅助设备用房主要保证宴会的声像设置的需要。音像设备调试员应能在音像控制室内观察到宴会厅中的活动情况，以保证宴会厅内使用中的声像效果的良好状态。

宴会厅一般设舞台，供宴会活动发言时使用。舞台应靠近贵宾休息室并处于整个大厅的视觉中心的明显位置，应能让参加宴会的所有人看见，但舞台不能干扰客人视线和服务视线。

宴会厅应设相应的厨房，其面积约为宴会厅面积的 30%。厨房与宴会厅应紧密联系，但两者之间的间距不宜过长，最长不要超过 40 米，宴会厅可设置配餐廊代替备餐间，以免送餐路线过长。

2. 宴会厅的动线设计

宴会厅的主要用途是宴会、会议、婚礼和展示等，其使用特点是会产生短时间大量并集中的人流。因此宴会厅最好有自己单独通往饭店外的出入口，该出入口与饭店住宿客人的出入口分离，并相隔适当的距离；入口区必须方便停车，并尽量靠近停车场，避免和酒店的大堂交叉，以免影响大堂的日常工作。

3. 宴会厅的音像设备设计

大厅(招待厅)是为举办招待会、宴会、舞会，以及茶话会设立的场所，因此扩声系统非常重要。一般方法是在吊顶内安装全频工程会议扬声器达到扩声的目的，而在举办舞会及表演活动时，为了增加音响效果多采用安装四个由全频音箱组成扬声器完成该功能(系统设备组成：调音台，均衡器，全频音箱，超低音音箱，功放，反馈音箱，卡座，分频器，反馈抑制，功效器，压线器，麦克风等。以上的设备组成按实际使用数量选配)。

4. 宴会厅的垂直交通设计

为了满足大量人流的集中使用，专用客梯是非常必要的。

客梯的位置与数量依功能需要根据消防确定，应靠近交通枢纽空间(门厅)，与使用人流数量相适应。电梯附近最好能设置辅助楼梯备用。

考考你

1. 简述宴会场景设计的内容。
2. 简述宴会氛围设计的方法。
3. 简述宴会场景设计的要求。
4. 简述宴会场景设计的原则。

2.2 宴会解说词的设计

中餐宴会摆台解说词

下边我将把我做的摆台作一展示介绍，并请各位评委给予评判指正。

圆桌十人台，是一款标准的中餐摆台，在这里，它展示出中餐摆台的基本标准，并承载着中餐饮食文化的主体意念。高立的孔雀口巾造型花高于其他口巾花，把主人的座位置于显见的位置，传达着主与次的信息，并显示主人的尊贵。其余宾客口巾花选用多款花型，给予宾客以花色纷呈的感觉。

尊贵的主宾紧邻主人的右侧，副主宾紧挨主人的左侧，副主陪在主人的正下方，带有地方特色和宾馆图案的小巧席位签置于台上，不仅标明宾客座次，还有介绍地方特色、美化台面的作用。

本台选用镁质强化瓷餐具，这种餐具细白如玉，质高玉洁，丽而不骄，贵而不奢，在台面上表现出冷静大方，尊贵高雅。筷套在这里不仅保洁卫生，还能构成不同色彩和图案，点缀和烘托台面主题和氛。

酒杯选用晶亮透美的玻璃制品，不同大小和款型，隐示着不同酒杯的不同用途，供客人根据需要选用。公用碟置放在正、副主人的正前方各一个，碟内分别置放公用筷子、勺子，便于热情的主人敬菜方便。

放在餐台正中央的××，象征宾主之间的友情，并带给宾客用餐时的美好的视觉环境。中餐摆台，要求台面各种餐具、用具摆放整齐，格调一致，布局合理、美观大方，间距均等，位置准确，图案对正，干净整洁，完好无损。最后，我们再看这份清新雅丽的筵席菜单，本筵精心选取了具有浓郁地方品色的菜肴，例如清炖南湾鱼头、毛尖煏锅巴、山珍栗子园、冷拼珍珠花等。这将带给远道而来的客人一席浓浓的地方文化大餐。

我想这一席规范的标准中餐摆台，一道道味美色浓的菜肴，一定会带给宾客尊贵高雅的礼遇，赏心悦目的感受，觥筹交错的氛围，让主人和宾客共同拥有一个难忘的时光。

你知道如何撰写宴会解说词吗?

◎ 深度学习

2.2.1 宴会解说词的含义

解说词，它通过对事物的准确描述、词语的渲染，来感染观众或听众，使其了解事物的来龙去脉和意义，收到宣传的效果。解说词是就画面、展品、旅游景观等事物进行解释说明的应用文书。

解说词面对观众、游客，配合实物或画面，运用文学性语言，广泛使用于影视新闻、陈列展览、名胜古迹等场合。它借助于简明的文字介绍，使接受对象明白其价值、作用和意义，从而更深刻地了解和认识解说对象。它充分利用极富感染力的语言，调动一切可以运用的文学手段，去渲染气氛、打动人心，收到寓教育于解说之中的宣传效果。

解说词有补充视觉和听觉的作用，例如电影解说词、文物古迹解说词、专题展览解说词等，可帮助观众在观看实物和形象的过程中，让其在发挥视觉作用的同时，也发挥听觉的作用。

宴会解说词是针对某个宴会的主题撰写的主题和寓意美好的文书，也可用于宴会现场的解说。

只有在掌握丰富资料的基础上，经过科学系统的加工整理，并在实践中不断修改、丰富和完善，才能形成具有自己特色的宴会解说词。

解说词一般由以下三部分组成。

(1) 习惯用语，即解说词前的“问候语、欢迎词”。

(2) 整体介绍，用概述法介绍宴会目的、主题，帮助顾客宏观了解，引起顾客的兴趣。

(3) 重点讲解，即对主要台面布置、菜肴安排、餐具搭配的意义进行详细讲述，因而是宴会解说词最重要、最精彩的组成部分。

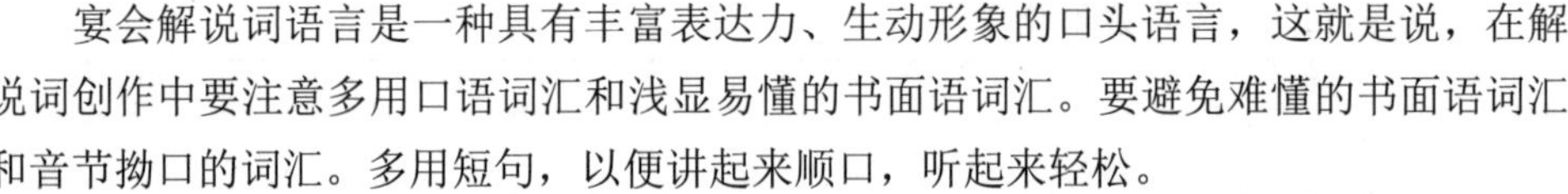

2.2.2 宴会解说词的写作要求

【参考图文】

1. 强调主题知识性

一篇优秀的宴会解说词必须有丰富的内涵，融入与主题相关的各类知识并旁征博引、融会贯通、引起兴趣和食欲。

宴会解说词不能只满足于一般性介绍，还要注重深层次的内容，例如同类事物的鉴赏、有关诗词的点缀、名家的评论等。这样，会提高宴会解说词的档次水准。

【参考图文】

2. 讲究口语化

宴会解说词语言是一种具有丰富表达力、生动形象的口头语言，这就是说，在解说词创作中要注意多用口语词汇和浅显易懂的书面语词汇。要避免难懂的书面语词汇和音节拗口的词汇。多用短句，以便讲起来顺口，听起来轻松。

强调讲解口语化，不意味着忽视语言的规范化。编写解说词必须注意语言的品位。

3. 突出趣味性

为了突出宴会解说词的趣味性，必须注意以下几方面的问题。

(1) 编织故事情节。讲解一个主题内涵或菜肴时，要不失时机地穿插意趣盎然的传说和民间故事，以激起宾客的兴趣和好奇心理。但是，选用的传说故事必须是健康的，并与宴会密切相连。

(2) 语言生动形象，用词丰富多变。运用生动形象的语言能将宾客导入意境，给他们留下深刻的印象。

(3) 恰当地运用修辞方法。解说词中，恰当地运用比喻、比拟、夸张、象征等手法，可以使静止的场面深化为生动鲜活的画面，揭示出事物的内在美，使客人陶醉。

(4) 幽默风趣的韵味。幽默风趣是宴会解说词艺术性的重要体现，可使其锦上添花，气氛轻松。

【参考图文】

(5) 情感亲切。宴会解说词应该是文明、友好和富有人情味的语言，应言之有情，让宾客赏心悦目、备感亲切与温暖。

(6) 随机应变，临场发挥。宴会解说词创作的成功与否，不仅体现创作者知识的渊博，也反映出宴会服务人员的技能、技巧。

4．重点突出

每个宴会都有其代表性的主题物品搭配，每个物品搭配又都从不同角度反映出它的特色内容。宴会解说词必须在照顾全局的情况下突出重点。面面俱到、没有重点的宴会解说词是不成功的。

5．重视品位

宴会解说词的语言应该是规范的，文字是准确的，结构是严谨的，内容层次是符合逻辑的，这是对一篇宴会解说词的基本要求。如果在关键之外适当地引经据典，得体地运用诗词名句和名言警句，就会使宴会解说词的文学品位更为提高。

【参考图文】

2.2.3 宴会解说词写作的注意事项

宴会解说词是一种集散文和说明文两种文体特征为一体的体裁。

首先，一篇合格的宴会解说词要有层次感，这样才能给顾客理出一条清晰的宴会内涵主线。其次，宴会解说词还必须具备逻辑性。

此外，中心思想一定要明确。

知识链接

“古婺情韵”宴会主题解说词

江南有座金华城，这座婺州古城有着深厚浓郁的文化情韵，尖峰山顶观日出，婺州江畔看月落，无限情思都化作黄宾虹大师笔下绚丽独特的风情画卷。巍巍八咏楼，是“江南邹鲁”最好的见证，踏着婺州江水的涟漪，载着东吴水域的情趣，带领我们体验今天的宴会主题——“古婺情韵”。

大家请看，蓝色纱布的巧妙运用，营造出宴会浪漫、温馨的氛围，仿佛让人觉得畅游在一江春水中，看到了水月一色的江景，而扬帆前行的三艘小船诉说着古婺大地的历史文明，唤起人们“只恐双溪舴艋舟，载不动许多愁”的思乡情怀，掀开了婺州大地的优美面纱，展示了婺州古城1700多年的文化积淀。八咏楼的历史典故使整个台面富有内涵且有了江南水乡的韵味，深黄若金的太阳花象征着夸父逐日般的精神，翠绿的天门冬隐喻万古长青的事业，彰显了古婺大地蓬勃发展的生机和活力，粉掌的点缀预示着一切都是那么欣欣向荣，发出阵阵清香的百合花又象征着我们的发展是那么的和谐、融洽。整个台面设计展现着文化与经济的交融、历史与现实的和谐，彰显着古婺的特有神韵，犹如风筝的细线一般，牵引着思乡的游子归来，团聚在那悠悠婺江之畔。

课堂讨论

1．简述宴会解说词的特点。

2．简述宴会解说词的撰写方法。

单元小结

通过本单元的学习，使学习者了解宴会解说词的含义和撰写方法，知晓宴会解说词的撰写技巧，能够独立撰写宴会解说词。

“一帆风顺”主题宴会解说词

唐代的孟郊在《送崔爽之湖南》中写道：“定知一日帆，使得千里风”，说的是帆船在汹涌的海浪中扬帆航行，乘风破浪，稳定地向既定目标前进。当“一帆风顺”与我们博大精深的中国餐饮文化相融合时，又赋予了其更深刻的文化寓意：心想事成、财源滚滚、百业兴旺、驶向成功的彼岸。它们带给客人的不仅仅是心理上的满足感，更是精神文化上的满足感。客人的满足感是我们最大的追求。今天，我给大家带来的是一席商务庆功盛宴——“一帆风顺”。

大家请看，圆形的餐桌象征着大海，金黄色的帆船在蔚蓝的大海中自由自在地航行，尊贵而祥和，隐喻人们对和谐、幸福和成功的追求，帆船的造型独特，彰显着生命的力量，灵动而又不失典雅，唤起了人们对童真的回忆，表达了人们对大自然的感恩情怀。用散尾葵做成的船帆伫立在金黄色的帆船上，隐喻着船在帆的指引下稳步前行，绿色的散尾葵和天门冬与金黄色的小鸟相互辉映，绿色象征着平和，金黄色象征着成功和收获，振翅欲飞的小鸟象征着奋进，一幅船儿在碧波荡漾的大海中航行，一帆风顺，成功驶向彼岸的绝美画面展示在我们的面前。

“海阔凭鱼跃，风顺好扬帆”“一帆风顺”寄托了我们对事业的追求，对和谐的期盼，对成功的祝福。

考考你

1．请写一份以“团圆”为主题的宴会解说词?

2．宴会解说词有哪些撰写方法?

2.3 宴会菜单设计

2014 年 3 月美国第一夫人访华在北京的家宴菜单

美国第一夫人米歇尔·奥巴马应邀于 3 月 20 日下午抵达北京，开始对中国进行为期 7 天的访问。据悉，这次美国第一夫人来访不谈政治，只赏美景、尝美食。当晚，米歇尔一行将家宴选在了大董烤鸭店——团结湖店(图 2-9)。随着宴会菜单(图 2-10)的打开，一桌丰盛的宴席展现出了北京特色美食。

图 2-9 大董烤鸭店——团结湖店

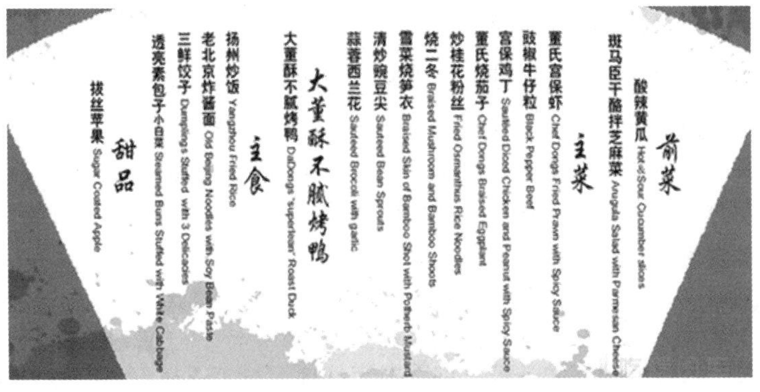

图 2-10 宴会菜单

你知道如何设计宴会菜单吗?

◎ 深度学习

2.3.1 宴会菜单的作用

1. 菜单反映餐厅的市场定位，体现其经营特色

餐厅经营的第一任务就是要寻找自己的目标客源，从众多的消费者群体中间区分出哪些是自己将来要争取的部分，然后针对这些客人的要求设计产品，这是每一家餐厅获得成功经营必须完成的工作。而菜单就是产品设计的重要表现形式，因此说，菜单标志着餐厅的市场客源的选择，这也表明了餐厅在产品方面的与众不同之处。

2. 菜单决定餐厅的装饰装修风格

餐厅的装饰与提供给客人的菜品都是餐饮产品的重要组成部分，但菜品是基础，餐厅装饰则必须依据菜品而定。从装修风格的选择、主题的确立到饰物的陈设等所有环节，必须与餐厅所经营的菜品风格相一致，让客人在用餐的同时也能体会独特的气氛，只有这样才能最大限度地发挥餐饮特色的效果，有助于餐厅形象的树立和餐饮品牌的培养。

3. 菜单决定生产设备用品的选择

菜单是餐厅设备用品选择的基础。餐厅设备的购置，各种餐具、用具的种类、规格、数量的确定，这都直接决定于菜单。菜单中不同的菜点，都要求使用不同的设备加工，使用不同的炊具操作，使用不同的餐具盛放。菜式品种越丰富，所需要的设备和用品的种类就越多。

4. 菜单是主客沟通的桥梁

菜单是经营者与客人沟通的工具，服务人员与客人的沟通一般是由菜单开始的。消费者根据菜单选购他们所需要的食品和饮料，服务人员则要结合菜单内容向客人进行恰当的推荐和介绍。在这一沟通过程中，客人了解我们菜肴的口味、营养等基本信息，我们也能有机会了解到客人的个性化要求，为最大限度地实现客人的满意奠定基础。

5. 菜单能提升并树立餐厅形象

菜单是一份知识手册，可以告诉客人本餐厅提供的所有食品和饮品，同时菜单也是一份宣传册，装帧精美的菜单可以在提升餐厅形象方面推波助澜。精美的菜单可以提高餐厅的档次，能够反映餐厅的格调，使客人对餐厅和菜品留下深刻的印象。对有些设计精美、别致的菜单，客人作为一种艺术品予以欣赏，甚至要求留做纪念，给自己以美好的回忆。这些都充分说明了，菜单为树立餐厅品牌和形象起到十分积极的作用。

6. 菜单是餐厅研究菜品的重要资料

菜肴可以揭示本餐厅客人的就餐喜好。餐厅管理人员可以根据菜品被点食的情况，了解客人的口味、爱好，以及客人对本餐厅菜点的欢迎程度等，不断开发受客人欢迎的新菜品。管理人员也可以通过菜肴点食频率的变化，了解客人就餐需求的变化情况，改进菜肴的制作工艺，在实现菜品创新的同时，使餐厅盈利。

2.3.2 宴会菜单设计的原则

1．客人的需求第一

菜单上应列出丰富的菜品供客人挑选，菜品的选择不但要体现餐厅的经营宗旨，更要注意迎合餐厅目标客人群体的需要。

2．与餐厅档次相统一

客人对餐厅的评价并非单指菜品质量这一项标准，而会与就餐环境一并考虑。一家设计美观、装修精美的餐厅，如果只提供一些粗制滥造的普通菜，会使客人大失所望。但一家设计简单、布置普通的餐厅，如果提供的多是诸如海参、鲍鱼之类的高档菜肴，也会使客人觉得不伦不类。

3．菜肴品种不宜多

一家餐厅菜单上的菜肴种类未必很多。品种过多意味着餐厅需要很大的原料库存量，这既会占用大量的资金成本，也会增加客人挑选菜肴的难度，延长点菜的时间。

4．确保原材料供应

菜肴种类的确定，首先要考虑的就应该是原材料有保证。这种保证是指原料的质量有保证，只有这样才能保证生产出新鲜的、符合质量要求的菜肴。同时，这还包含原料的供应量有保证，只有原材料尤其是特色菜肴的原料供应得到保证，才能满足客人最基本的需求。

5．经常更换菜品

为使客人保持对餐厅的兴趣，应经常更新菜肴的品种，使客人能经常品尝到之前没有见过的菜肴，防止客人因产生厌倦而流失，这是餐厅稳定客源市场的重要举措。

6．讲究营养平衡

菜肴的确定除要满足不同消费者的口味，凸显餐厅特色外，还要注意各类菜品能提供全面的营养，为消费者的膳食平衡提供基础。

7．菜肴的种类比例要合理

菜肴种类比例是指组成菜单的各类菜肴要搭配合理。餐厅提供的菜肴一般包括冷菜、热菜、大菜、荤菜、点心等类型，各类型菜肴不宜过少，但也不宜过多。

2.3.3 宴会菜单的种类

宴会菜单是为某种社交活动而设计的多人聚餐，具有一定的规格质量，有一整套菜品组成的菜单。因宴会的组织者目的多样、形式多样，所以餐饮服务人员要依据客人的意见安排合适的菜点内容。

作为重要的社交形式，宴会分为很多种类型。按价格等级划分，可分为高档宴会、中档

【参考视频】

【参考视频】

宴会、普通宴会；按宴会的形式，可分为国宴、便宴、家宴、冷餐酒会、鸡尾酒会、招待会等；按宴会举办的目的，可分为婚宴、寿宴、迎送宴、纪念宴等。宴会菜单则要依据不同的宴会形式确定。宴会对菜点的要求很高，要做到制作精细，外形美观。另外，宴会菜单还应要搭配合理，重点突出。

2.3.4 宴会菜单的内容

1. 菜肴的名称

菜肴的名字会直接影响客人的选择。菜肴的名称可以给客人很多联想，客人对菜肴的满意与否一定程度上也来源于此。菜肴命名要有一定的文学性和趣味性，但必须真实，不能过分夸张、怪异，应采用简洁并为客人熟悉的菜名。

2. 菜品的描述介绍

对菜品的描述性介绍是为客人选择菜肴提供的重要依据。介绍内容主要涉及菜肴的主要原材料，一些独特的浇汁和调料，菜品的烹调和服务方法，菜品分量以及菜肴的文化背景等。菜肴的描述性介绍能增进客人对菜肴的了解，使客人能真正选择出自己喜欢的菜肴，同时这也能方便工作人员推销菜品。

3. 餐厅告示性信息

在餐厅使用的菜单上，除了关于菜肴的知识外，还要设计与餐厅有关的信息以及需要客人了解的信息，如餐厅的名字、地址、电话和商标，餐厅的营业时间以及餐厅加收的其他费用等，尤其是对于餐厅特色的介绍。

2.3.5 宴会菜单的菜肴类型组成

中式菜单一般由冷菜、热菜、素菜、汤、点心以及主食等类型的菜肴组成。

【参考视频】

1. 冷菜

冷菜通常造型美观、形态各异，作为“前奏曲”来吸引客人。在组配时，要求荤素搭配，质精味美，色泽美观，诱人食欲。冷菜道数一般以就餐人数而定，其荤素用料为2∶1，或者荤素各半，例如盐水鸭、陈皮牛肉、酸辣白菜等。有时配上主盘，例如潮式卤水拼、艺术冷盘等。

2. 热菜

热菜中，头菜烹饪原料以名贵山珍海味、家畜家禽为主，要求刀工细腻，色香味俱全，现烹现吃，烹制过程复杂。上菜时，质优者先上，质次者后上，突出名贵山珍海味，以显示宴会规格。例如木瓜燕窝、鲍汁扣鹅掌、鸡汁鱼翅等作为主菜。还有大菜，由2～4道组成，制作讲究，各类菜品在一起相互烘托。

3. 素菜

素菜在宴会中一要选时令菜，二要取其精华，三要精心烹制，四要适当进行艺术造型，例如大煮干丝、蟹粉豆腐、上汤菜胆、砂锅菜核等。其中也要注意甜菜的选择，一切甜味食品，其品种丰富、风味独特，颜色鲜艳，视季节和宴会而定，并结合宴会档次综合考虑，例如拔丝苹果、冰糖湘莲、蜜汁山芋、桂花芋艿等。

4. 汤菜

菜单中的汤菜种类繁多，制作时调配严格，应和整套菜品相搭配，例如茯苓龟汤、枸杞炖草鸡等。

5. 点心

点心是菜单中的重要内容，在制作上要讲究造型，注重款式，制作精细，例如素馅小包、富贵虾饺、香煎地瓜饼等。

2.3.6 宴会菜单设计的注意事项

【参考视频】

在菜单设计过程中，应仔细考虑餐厅经营的多种因素，如设备、厨师技术水平以及原料供应等情况。既要充分考虑餐厅的设备、用具等情况，以防止超出自己的生产能力，又要保证菜肴的设计严格依照饭店厨师的实际技术能力而定，选择厨师最拿手的菜肴。只有这样才能保证质量，体现餐厅的经营特色，吸引顾客。同时，菜肴的确定还应考虑原料的准备供应情况。要在确定前，应充分调查原料的市场供应情况，准确了解原料的质量、价格、进货渠道等众多准确信息，只有这样才能做到既能提供品种丰富的菜肴，又能控制出比较理想的利润空间。

1. 抓好烹饪原料的采购工作

菜肴的质量好坏，在很大程度上取决于烹饪原料的质和量。我们要根据菜单中每道菜品的质量要求，对所要采购的各种原料做出详细的规定，如原材料的品种、产地、商标、等级、大小、数量、色泽、包装、鲜活程度等。使用标准规格、质量始终如一的食品原料，是保证菜肴质量的有效措施，所以，在采购中要抓好如下几点。

1）控制原料的采购质量

要控制好原料的采购质量，就是要制定好食品原料采购规格标准，应根据市场实际情况，由厨师长、食品成本核算员和采购员一起研究讨论，力求把所需采购原料的各种规格标准制定得科学、准确、切实可行。并且复制多份，分别送到厨房、食品原料验收人员、采购员、供货商等人的手中。这样一来，既能促使厨房工作人员认真仔细思考每道菜品所需各种原料的具体质量要求，便于操作，保证菜肴的质量；又能防止采购员盲目或非正当的采购，造成原料的浪费或不新鲜，增加企业的成本。还可以提高供货商的服务意识和竞争意识，使他们知道原料的质量标准，促使他们努力组织质量上乘的货源，并相互竞争，比值比价，有利于菜品质量的提高和成本的下降。另外，这样能规范食品原料的验收标准，有利于食品验收员按食品原料的规格标准单来验货，它既是原料验收的重要依据，又是保证原料质量的重要手段。

2）严格控制原料的采购数量

由于餐厅所需原料虽然品种繁多，但每天菜品的供应量，很难准确估量，因此，控制原料的采购数量的难度很大。如某一菜品原料采购过少，就无法保证供应；但采购过多，又会造成浪费。所以，在制定原料数量订购单时，要认真考虑仓库的存货量，及餐单中每一菜品的日常销售情况，并从中找出一些规律，尽量确定各种原料最科学的采购量。具体应考虑以下几方面因素。

(1) 当某一菜品销量不断或突然增大时，这一菜品所需原料采购量要视情况增加。但当某一菜品销售量较少或逐渐下降时，这一菜品所需原料的采购量要适量减少。

(2) 原料的储存因素。在制定各种食品原料采购时，还要考虑冰库和仓库的储存因素，如某一原料储存量少或多，其采购量也要相应地减少或增加，同时还要考虑冰库和仓库的设施与承受能力，防止由于原料采购过多降低储存效果，影响原料质量，造成损失。

(3) 市场的供求因素。市场的原料供应往往受季节、货源的供求等因素的影响，因此，对可能发生短缺的原料，应及时调整采购周期或库存量。

3）控制原料的采购价格

餐厅经营第一位的目标是创造利润，这除了要提高经济收入外，控制原料的采购价格也是其中至关重要的环节。采购价格的控制方法多种多样。首先，设置原料的采购限价。要对多个市场的原料进行价格调查，提出各种原料购买的限价。采购人员在采购原料时，严格在规定的价格范围以内采购，以保证菜单上每个菜品的原料成本不超过预订成本。其次，限定原料采购的渠道和范围。为了使原料的质量和价格相对稳定，许多企业限定在一些指定的集市或供货单位采购原料，并事先同这些单位签订相关的购货合同。最后，限定原料的审验权。大多餐厅在购买原料尤其是贵重原料时，必须预先制定采购报告，确定购买原料的品种、数量、价格及购货单位，并限定报告审批权，坚决避免盲目采购，使菜肴成本得到有效控制。

2．抓好烹饪原料的加工、切配工作

在制作零点菜肴过程中，原料的加工、切配是很重要的一环，它不仅是决定每份菜肴的质量和成本的关键，而且也是决定餐饮企业在经营中能否盈利的主要因素，所以，应该熟练掌握原料的加工方法和切配方法。

1）掌握烹饪原料的加工方法

菜肴在制作过程中，无论是对原料的初步加工，还是精细加工，其加工的规格质量和出品的时效，都会对下一道生产工序有着直接的影响，所以在加工过程中应加强管理。首先，控制原料的加工数量。每天各种原料加工的数量要以当天的销售量为依据，避免加工过多造成原料质量降低，而加工过少又不能满足顾客需要，因此，要有计划、有目的地控制数量。其次，提高原料的加工质量。这除了要控制各种原料的加工方法外，更要讲究每种原料加工的标准等要求。如在加工冰冻原料或是鲜活原料时，加工方法就尤其重要，处理不当，会直接影响原料的质量。最后，严格控制原料的加工程序。在加工每一种烹饪原料时，都要制定加工的程序和要求，例如要将猪、牛、羊等肉类原料采用不同的洗涤方法，并分档保存。

2）掌握原料的切配方法

菜肴原料切配阶段是决定每份菜肴用料质量和数量的关键环节，也是加强菜肴成本控制的重要手段。这一环节中要特别注意，明确每份菜品组成的数量。菜肴在切配时要严格按菜单设计的要求来执行，尤其在组配的数量上要严格依照程序操作，不可疏忽大意，随心所欲，必须按标准菜单的规定来搭配每一份菜肴，只有这样才能确保客人和饭店的利益不受损坏。另外，还要明确每份菜品的质量。菜品的质量一旦确定后，必须保证始终如一。在具体的制作环节，要保证主配料的比例不可变动，烹调的方法和掌握的火候都一样，否则很难实现稳定菜品质量的目标。再者，要明确每份菜品的切配程序。零点菜肴的搭配标准必须按操作程序进行，尤其在经营高峰期，往往出现配错菜、配重菜等不良现象，严重影响工作秩序。如主料有的要挂糊上浆，有的要加工成各种形状，有的要进行初步熟化处理；配料预先也要切配成型，做到数量适当、品种齐备，满足开餐配菜的要求。

3．抓好菜肴的烹调工作

菜肴的烹调阶段是确定菜肴色、香、味、形、质的重要阶段，也是保证菜品质量的关键所在。因此我们必须认真加以研究，掌握菜肴烹调中的操作程序，使零点菜肴制作达到满意的效果。

1）规范冷菜的烹调操作

菜单中的冷菜，要求出品及时，一般都在热菜前上桌，所以要注意以下几点。

(1) 注重烹调方法。冷菜一般都具有开胃的功能，要求汁少味浓，风味独特、口感纯正，所以在烹调时，要根据各种冷菜的特点，区别对待。

(2) 要注重造型，搭配好色彩。对冷菜装盘要整齐美观，如有几个冷菜要大小均匀一致。冷菜的色彩也要讲究，色泽鲜艳，几个冷菜组合在一起，颜色应搭配美观，要给人一种整齐美观、色泽鲜艳之感。

(3) 要注意菜品的质量。我们要根据菜单所规定的要求制作，同时也要选好盘碟，认真装饰，应以适量、饱满、卫生为标准。

2）规范热菜的烹调操作程序

【参考视频】

一般情况下，热菜的烹调不可大批量生产，一般现点现做。要保证菜肴事先确定的质量，严格规范热菜的烹调操作程序。具体应做到如下几点。

(1) 做好调料的整理。在每餐开餐之前，必须对调味品加以整理，做到调料罐放置正确，使用方便，调味品齐全，数量恰当；固体调料无杂物，不受潮，颗粒分明；液体调料无油污，清洁卫生。所有原料要新鲜，不过期变质。

(2) 做好初步熟化处理。大部分热菜需要在开餐前做好初步熟化处理，使半成品原料恰到好处，符合正式烹调的要求。

(3) 做好菜肴的烹调。热菜的烹调基本上是每份单独的制作，为了保证每份相同的菜肴口味一致，调味的用料必须严格准确，口味、色泽要符合菜品设计的要求。

3）规范点心的烹调操作

在菜单中的点心一般都占有一定比例，在制作点心时，同样要按照制作点心的程序和标准去做。既要讲究点心馅心的制作。点心馅心的制作是决定点心质量好坏的关键。应当根据菜单的点心品种，调制好各种点心馅心，要按比例、讲标准，按程序调制每一种点心的馅心。又要讲究点心面团的调制。制作点心的面团有很多种，有发酵面团、米粉面、油酥面团等，应该根据点心对面团的要求，认真掌握面团的水粉比例、稀稠程度、调制时间和辅助材料的搭配等方面的技术，使各种面团有利于包馅和成型。还要讲究制作点心的烹调方法和时间。对制作点心的各种烹调方法要全面掌握其操作的关键，明确加热的时间，规定点心成品的数量和质量。

总之，菜肴的制作从采购、加工，再到切配、烹调，每个步骤都有严格的标准和要求。只有设计和操作人员严格执行这些标准，才能使菜肴越做越好。

2.3.7 宴会菜单的设计与制作

1．宴会菜单设计的步骤

1）准备工作

制作一份精美的菜单，准备工作是很重要的，无论是菜肴还是设计人员都要慎重选择，这是制作菜单的重要保证。

2）确定特色菜

特色菜代表着一家餐厅的经营方向，也是餐厅选择菜肴的第一步。同时，这也能帮助管理人员确定目标客源，为菜单设计人员的版面设计提供依据。

3）列出菜肴清单

在确定特色菜肴后，管理者应将拟提供的菜肴一并列出，形成清单。对列出来的菜肴，餐厅工作人员要慎重选择，既要考虑客人的需求程度，同时也要考虑厨师的技术水平。

4）选择艺术设计师和印刷商

菜单对菜肴的销售乃至餐厅品牌的培养都会起到主要的作用，因此，设计人员必须具备较高的广告设计能力。同时，好的设计必须有好的印刷才能体现，因此对印刷商的选择也必须十分慎重。

2．菜单的规格设计

1）纸张的选择

菜单设计过程中，纸张选择也是其中的重要环节。纸张是形成菜单的基础，一份菜单的精美程度会通过纸张来体现。选择纸张时还应考虑菜单使用的期限，菜单是准备长期使用还是短时间使用，要选择对应的纸张。另外，也可使用如透明或半透明的特殊纸张，会在一定程度上提高菜单的整体效果。

2）菜单尺寸规格

菜单的尺寸规格也是菜单设计的重要内容。对于尺寸规格，按照视觉习惯，一般来讲，单页菜单大多为 30cm×40cm，对折菜单大多为 25cm×35cm，三折菜单大多为 20cm×35cm。当然这也要与餐厅的环境相协调，要符合餐厅的氛围和文化，注意菜单艺术效果的发挥。

3）菜单的式样

菜单的式样也是非常丰富的，最简单的是方形。使用长方形的纸张，然后将纸张从中间位置对折，或是按照需要折叠几次，但这之前要考虑纸张的材质，切不可选择容易折断的纸张。除方形之外，也有许多其他形状，如扇形、卷轴形等，这要依据餐厅的经营特色而定，同时还要注意客人的品位要求，做到各方面协调统一。

3．文字和字体的选择

1）文字

一份好的菜单，不但要有精美的图片，还要有表达恰当的文字。菜单必须借助文字向客人传递信息，上面的文字应该对餐厅和菜肴介绍详尽，但又不失简练，既能让客人得到信息，又能提高客人的消费欲望。菜单上的文字主要有餐厅及食品名称、菜肴介绍、餐厅经营特色说明等。

另外，还应该注意文字在菜单上的表现形式，要注意文字和图片所占空间的比例。字数太多使人眼花缭乱，太少则会使客人不能得到的充足的信息，影响客人消费。

2）字体

要设计一份有吸引力的菜单，正确使用字体是很重要的。对于国宴等正式宴会应使用庄重的字体，但如果是针对儿童的菜单则应选择活泼的字体，而对于传统文化突出的餐厅，则应选择隶书等有一定历史表现力的字体。

关于字符的编排也应当注意，既不能把字符定得太小，这样会增加客人的阅读难度，但也不能太大，这样会影响到传递客人的信息量。同时还应注意字符间距，讲求整体美观。

课堂讨论

1．宴会菜单有哪些种类？
2．简述宴会菜单的作用。
3．简述宴会菜单的制作方法。

单元小结

通过本单元的学习，使学习者了解宴会菜单的种类，掌握宴会菜单的作用，明确宴会菜单的制作方法，熟悉宴会菜单制作的注意事项，能够独立设计宴会菜单。

2014年3月荷兰皇室招待习近平夫妇国宴菜单

国际在线：据荷兰在线报道，古老的阿姆斯特丹王宫，郁金香绽放，喜迎中国贵宾。习近平主席和夫人彭丽媛身着中式服装，出席威廉·亚历山大国王举行的盛大国宴(图2-11)。“白领结”盛装宴会，欧洲王室最高规格礼遇。两国元首深入交谈、亲切交流，历时四个小时。习近平主席在荷兰皇室国宴上吃了些什么呢？一套西餐通常包括前菜、主菜、甜点。一道一道地上，每一个都是独立装盘的。根据情况，会有咖啡或餐后酒。本次国宴选用的是四道菜式，兼具蔬果鱼肉，精心调配，口味上乘。

图 2-11　盛大国宴

1．Terrine of fish and prawns watercress sauc 鱼虾冻配绿豆瓣酱(前菜)(图 2-12)

这道菜的食材是鱼和虾，烹饪方法是法国传统的 Terrine，Terrine 是法式西餐里常用的一种手法就是肉冻，制作的时候把食材卷起来扎紧。古法 Terrine 用的是野味或者鹅肝，里面也含有很多脂肪。本次国宴，大师将食材换做鱼和虾。这是一道冷菜，常温食用，不用加热。上桌的时候是切片给客人享用的。切一小口放进嘴里，可以感受到入口即化的绵柔感，糯而不腻，搭配上等的葡萄酒是作为开胃菜的上选。本道菜还搭配了绿豆瓣酱。绿豆瓣酱不是我们常说的豆瓣酱，是把豆瓣菜(也称西洋菜)打碎之后做成的，非常清爽，中和了口腔中的油腻。

图 2-12　鱼虾冻配绿豆瓣酱

2. Consomme Celestine 法式教皇清汤(汤)(图 2-13)

第二道菜，教皇清汤。别看是一道汤，但在西餐里一名大厨好不好，是能从汤里看出来的。这道汤要经过长时间的熬制和去油脂的过程，最重要的特点就是鲜和清。上桌的时候会配上蔬菜或鸡蛋，以及一些肉。

3. Argentinian Tournedos with Morel Mushrooms Madeira Sauce 阿根廷腓里牛排与羊肚菌蘑菇配马德拉酱(主菜)(图 2-14)；Courgette Stuffed with Mixed Vegetables Dauphinoise Potatoes 西葫芦什锦蔬菜配酥皮焗土豆(配菜)

图 2-13　法式教皇清汤

图 2-14　阿根廷腓里牛排与羊肚菌蘑菇配马德拉酱

到主菜了，这是一道阿根廷名菜。Tournedos 是位于里脊末端的那块肉，通常都是厚且圆，根据个人口味可以三分至五分熟，鲜嫩至极。上桌时要搭配 Madeira 酱汁，是专门为肉类调配的。本次的菜还用了羊肚菌蘑菇，因外形酷似羊肚而得名。蔬菜选了荷兰人超喜欢的西葫芦，挖空后，放上其他蔬果。另一个是酥皮焗土豆，Dauphinioise 这个词来源于法语东南部的传统地区 Dauphine，这道菜是将土豆切片，然后和奶酪一起焗制，表皮是脆的。国宴上这道菜已经经过改良，做成了一小块。

4. Chocolate Mousse and Hazelnut Cremeux Crispy Hazelnut 巧克力慕斯、脆榛子配榛子酱(甜点)(图 2-15)

欧洲人是非常讲究甜点的，就好比交响乐的完结部分。普通家庭就算再没时间，不吃前菜，只吃主菜，也还是会吃甜点，哪怕是一小块巧克力、一个冰淇淋。本次的甜点是巧克力慕斯配榛子奶油酱。榛子配巧克力在味觉上是绝佳搭配。

5. 荷兰皇室国宴餐具(图 2-16)

最后再来展示下国宴的餐具，每一件都是古董，每件上都有皇室的印记，细数一下，本次餐具一共有 6 件刀叉勺子，都是按照菜的顺序摆放的。

图 2-15　巧克力慕斯、脆榛子配榛子酱

图 2-16　荷兰皇室国宴餐具

考考你

1. 请制作一份商务谈判晚宴菜单。
2. 宴会菜单制作的注意事项有哪些?

2.4　宴会台面设计

创新在宴会台面设计大赛中的尝试

创新是一个民族发展的灵魂所在。如果只是一味地模仿或者跟风，那只会越来越落后。要想在激烈的餐饮市场竞争中能够立于不败之地，就要不断地创新。一个饭店要有所发展，就必须要吸引顾客，拥有稳定的客源市场，而吸引客人的魅力就在于饭店要有亮点，要与众不同，这样企业才能不断地发展和超越自我。

一、创新台面的作用

创新宴会台面设计既是当前国际餐饮业发展大趋势的需求，更是培养学生创新意识、创业、立业能力的深层次要求。宴会在饭店餐饮经营中有着重要的意义，它是餐饮部经济收入的重要来源之一，是发展烹调技术、培养厨师技术力量的最佳时机，也是衡量饭店管理水平的重要标志，更是提高饭店声誉和增强饭店竞争能力的重要支柱。因此每个饭店都非常重视宴会的服务管理，尽可能满足客人提出的要求，为他们提供尽善尽美的服务。宴会的顺利进行很大一部分得益于宴会台面的设计。如何适应当前国际餐饮业的发展，在理念创新的基础上，更加符合时代发展的需要，培养学生具有较强的创新意识、管理能力等该行业所需的综合职业能力。如何将流行元素和传统文化与餐饮台面设计进行有机的融合，成为酒店行业研究的课题。

二、创新宴会台面中的几个“新”

1. 新颖的主题

首先必须确立一个主题，在各级各类的宴会台面设计比赛中，众多选手采用“婚宴”“寿宴”“庆功宴”之类的主题，比较普通，达不到鹤立鸡群的效果。主题确立的内容可以和季节、时令、当地的特产、独特的地理位置、风俗习惯、甚至流行文化因素等进行有机的结合。比如菊黄蟹肥时的“登高归来宴”，年年有余的“团圆宴”，表达孝心的“夕阳红宴”，修身养性的“太极养生宴”等。台面设计的主题要让人有耳目一新的感觉。

2. 大胆地运用色彩

色彩的和谐与否，在整个台面设计中也显得极其关键。协调的色彩既能让参加宴会的客人赏心悦目，又能突出宴会的主题，最重要的是还能够透露出作品的理念和内涵。简单地说，宴会台面的色彩搭配分为两大类：一类是套色搭配，也就是近似色相配。比如绿色和黄色，因为这两种颜色是最和谐的搭配，它们在色相环上是最接近的色系。鲜艳的绿色和纯洁的白色组合也是一种非常美丽、优雅的颜色，它生机勃勃，象征着生命，能协调出一种文雅而又不失活力的美。另一类色彩搭配是强色对比和互补色相配。比如黑色与白色，非常对立而又有共性，能够用来表达富有哲理性的东西。

3. 在作品中 DIY 的成分增多

DIY 就是指 Do it yourself！ 这不是一句简单的英文，它代表的是一种精神。什么精神？自己去做，自己体验，挑战自我，享受其中的快乐。开动大脑，用你的双手去创造，这是 DIY 的最高境界。做你需要的，做你想要的，做市场上绝无仅有、独一无二的你自己的作品，成为 DIY 更高层次的追求。在宴会台面上的很多物品都可以通过 DIY 来实现，既做到了与众不同，又降低了整台宴会的设计成本。从布料的选购，到桌布、口布的制作，再到牙签套的缝制，整个色彩花型均可配套使用。

三、创新宴会台面设计中的几个误区

1. 要讲究实用，切忌华而不实

很多设计者在设计台面时，只是一味地追求造型效果，而忽略了它的实用性。其实台面的设计与创新是建立在实用基础之上的。比如说台面上花艺的装饰，花卉其实只需要画龙点睛，稍加点缀就可以，但有的台面花艺摆放显得过分臃肿，让人觉得不是参加宴会，而是参加一个花艺设计比赛。花了钱，反而达不到良好的效果。台面设计既要美观、有艺术感，最关键的是还要方便客人的就餐。

2. 台面设计要注意成本核算

很多设计者设计台面时进入一个误区，花钱越多，买的东西越昂贵，觉得宴会台面的档次就越高，设计的作品就能够脱颖而出。其实作品的好坏并不能与投入的成本正比。关键还要看整个台面的色彩和整体的协调。

总之，创新宴会台面的设计是建立在实用的基础之上，不要过分地追求效果，而忽略了它的实用性。通过台面设计的创新，进一步拓展学生的思维空间和想象能力，动手能力以及创业、立业的综合能力，从而更好地服务于我们的社会。

◎ 深度学习

【参考视频】

优雅大方的就餐环境与实用美观、富有创意的宴会台面设计，将为宾客营造出良好的就餐氛围。

2.4.1 宴会台面的类型

1. 按餐饮风格分类

1）中餐宴会台面

中餐宴会台面用于中餐宴会。一般用圆形桌面和中式餐具摆设。台面造型图案多为中国传统吉祥图饰，如大红喜字、鸳鸯、仙鹤等。

2）西餐宴会台面

西餐宴会台面用于西餐宴会，常用方形、长条形、半圆形等。一般摆设西式餐具。

3）中西合璧台面

针对赴宴者既有中国人又有外宾，一些宴会采用中菜西吃的方式。在台面摆设采取了中西餐交融的摆设方法，既有中餐的特点，也有西式宴会的特点。

2. 按台面的用途分类

1）餐台

餐台也叫素台，在餐饮服务行业里也叫正摆台。特点是从实用出发，根据宾客就餐人数的多少、进餐实际的需要、菜单的编排和宴会标准配备餐具。各种餐具的摆放相对集中，简洁适用，美观大方。

2）看台

看台又称观赏台面。按宴会的性质、内容，用各种小件物品和装饰物摆成各种图案，供宾客在用餐前观赏。在开宴时，将各种装饰物撤掉，再摆上餐具。这种台面多用于民间宴席和风味宴席。

3）花台

花台顾名思义就是用鲜花、绢花、盆景、花篮，以及各种工艺美术品和雕刻等装饰成的台面。这种将看台和餐台合二为一。这种设计要符合宴会的主题，色彩要鲜艳醒目，造型要新颖独特。

2.4.2 宴会台面设计的作用

1．烘托宴会气氛

餐桌设计和装饰是营造宴会气氛的重要手段。当宾客走进宴会厅，看到餐桌上造型别致的餐具、新颖独特的餐巾折花、色彩悦目的插花，隆重、高雅的气氛跃然席上。

2．反映宴会主题

通过宴会台面设计，可以巧妙地将宴会主题和主人的愿望艺术地展现给宾客。如孔雀迎宾、青松白鹤等台面，分别反映了喜迎嘉宾、健康长寿的宴会主题。

3．表明宴会档次

宴会档次与台面设计成正比。档次低的宴会，台面布置简洁、实用、朴素；高档宴会要求台面布置富丽、高雅。

4．方便宾客就座

通过餐桌用品的布置，可以明确告知主人和主要宾客的席位，其他宾客也方便就座。

2.4.3 宴会台面设计的要求

1．按宴会的主题进行设计

台面设计要紧扣主题，有些设计虽然不错，但放错了宴会就会显得不伦不类。比如“青松白鹤”图案一般放在寿宴上，如果出现在一些年轻宾客的生日宴会就会成为笑谈。

2．按菜单和酒水特点进行设计

吃什么菜配什么餐具，喝什么酒配什么酒杯；高档宴会配金器、银器的餐具。宴会菜单和酒水单好比音乐会的“乐谱”，宴会设计者在设计台面时，要以“乐谱”为依据，否则“音乐会”中就会出现杂音，破坏了整体的协调性。

3．按照美观性的要求进行设计

宴会台面设计的一个重要目的是美化台面，宴会设计者应结合文化传统、美学原则进行创新设计，起到烘托宴会气氛的作用。

4．按照民族风格和饮食习惯设计

选用餐具应符合民族饮食习惯，图案要考虑参加者的宗教信仰、生活禁忌、色彩偏好等因素。

5．按卫生要求进行设计

宾客用餐需要使用台面餐具、餐巾等，在台面设计时，不要一味追求独特而破坏餐桌卫生。

2.4.4 宴会台面设计的步骤与方法

成功的宴会台面设计就像一件艺术品，创造的过程要遵循一定的步骤与方法。

1．根据宴会主题和赴宴者的特点确定设计方案

宴会台面设计要依据赴宴者的消费目的、年龄、消费习俗、消费标准等因素，确定台面设计方案。例如，为开业庆典而设计的台面与婚宴、寿宴、答谢宴会的台面有很大的不同。

2．根据宴会主题，为台面设计方案命名

大多成功的台面设计都有一个典雅的名字，这便是台面命名。一个恰当的名字可以突出宴会主题，暗示台面设计艺术手法，增加宴会的气氛。其具体命名如珠联璧合宴、蟠桃庆寿宴、圣诞欢乐宴等。

3．规划台型

宴会场地和台型安排，原则上要根据宴会厅的类型、宴会主题、就餐形式、宴会厅的形状大小、用餐人数以及组织者的要求等因素，决定宴会台型的设计。

4．台面布置

餐台台面的布置分为以下几个方面。

1）台布和台裙的装饰

台布、台裙的颜色、款式的选择要根据宴会的主题和主题色调来确定。台裙常选择制作好的成品台裙，也可以根据实际需要，选择丝织或其他材料现场制作。

2）餐具的选择和搭配

【参考视频】

现在宴会厅的餐具主要有中式、西式、日式、韩式等不同风格，质地、形状、档次也有很大差异，宴会设计者根据宴会主题和酒店实际状况选用适当的餐具，强化宴会主题氛围。

3）餐巾折花造型

台面所选用的餐巾必须与宴会设计的其他要素色调和谐一致，突出主题，渲染宴请气氛。同时宴会规模大小也会影响餐巾折花的选择，一般大型宴会采用简单、快捷、挺括的花型，小型的宴会可选择较为复杂的花型。不管选择什么样的花型，要整齐美观、便于识别、卫生方便，同时不要出现赴宴者忌讳的花型。

4）花台造型

根据不同类型的宴会，设计出不同的花型，既美化环境，又增加宴会和谐美好的气氛。布置花台要根据主题立意，选择花材，设计造型。由于鲜花费用较高，不环保，甚至有污染食品的危险，现在很多酒店采用了谷物和其他物品设计花台也有不错的表现。

5）餐垫、筷套、台号、席位卡的布置

餐垫、筷套、台号、席位卡是一个小的因素，其作用不可忽视，设计者必须根据宴会的主题风格、花台的造型、餐具的档次、宴会的规格、宾客的要求精心策划与制作。

6）餐椅装饰

餐椅的主要功能是供宾客就座之用。它一般相对比较固定，而设计师经常采用椅套改变其色调与风格，使其与整体相协调。

课堂讨论

1. 宴会台面的类型有哪些？
2. 简述宴会台面设计的作用。
3. 简述宴会台面设计的要求。
4. 简述宴会台面设计的步骤。

单元小结

通过本单元的学习，使学生了解宴会台面的种类，掌握宴会台面设计的作用，明确宴会台面设计的要求，熟知宴会台面设计的步骤，能够独立设计主题宴会的台面。

课堂资料

经典的主题宴会摆台

经典的宴会主题摆台、美轮美奂的空间艺术，美味的菜肴，周到的服务，可以帮酒店留住高忠诚度的客户，还会成为客人之间流传的好口碑话题。比如开元的“印象西湖”主题宴会(图 2-17)：一款湖蓝色桌布演绎湛蓝的西湖水，印有雷峰塔三潭印月的摆台餐具，荷花莲藕，有故事的天堂伞，一桌围绕西湖特色展开的特色菜肴，这种主题印象，成了开元的品牌，成了难以超越的经典主题。出菜流程和背景音乐的选择，服务员像演员一样的在彩光和烟雾中工作，优美且专业的动作，服务员之间配合默契，让宾客觉得用餐就是一种艺术的享受。

图 2-17 “印象西湖”主题宴会

考考你

1. 简述主题宴会台面设计的步骤。
2. 某电子产品公司举办年会，请设计主台台面。

2.5 宴会服务设计

贴士导入

某酒店在元旦期间接待了一次商务宴会，主题为某企业下一年度的产品推介。宴会期间，服务员小王发现自己桌上的一位顾客拿出香烟准备吸烟。小王迅速来到这位顾客面前，掏出随身带的打火机准备为顾客点烟。谁知由于打火机的火苗过大，吓了客人一跳，这一幕也让小王感到措手不及。小王立即关掉打火机的火，谁知打火机发生故障火苗没有熄灭，小王立即将打火机扔到地上，还在地上踩了一脚。整个过程都被客人看在了眼里，客人无奈地一笑，小王也感到无比尬尴。本来一次服务的机会，最终以尴尬的结局收场。

想一想，小王应该如何得当地处理这个问题？

◎ 深度学习

2.5.1 中餐宴会服务程序及标准设计

1．宴会前准备

1）班前例会

(1) 参加楼面经理主持召开的班前例会准时到达。

(2) 接受仪容、仪表的检查符合仪容、仪表要求规范。

(3) 认真听取和记录当餐宴会内容、要求，接受分配的工作任务，做到“八知”“三了解”，留意特殊菜品的上菜要求。

2）打扫卫生

按照打扫店堂程序搞好室内外清洁卫生，符合店堂卫生规范。

3）餐厅设施设备的检查

(1) 检查照明、空调、音响等设备是否正常完好，有效使用。

(2) 宴会餐台、餐椅、备餐柜是否完好且符合宴会的要求完好，牢固。

(3) 发现问题通知工程部，抓紧维修并跟踪检查及时，确保宴会举办前达到要求。

4）备好跟料、餐用具酒水等

(1) 根据特殊菜品菜式要求配好跟料和器皿，熟知菜肴的跟料知识、掌握菜品的配器以及配器的使用方法。

(2) 备好各类餐用具，品质齐全、数量充足、清洁卫生。

(3) 根据宾客要求准备好各种酒水，对宾客自带的酒水当面检查清点，存放好。

(4) 准备好服务过程中所需要的服务用品，如纸、笔、开瓶器、打火机等。事先调试打火机，将打火机的火苗调到适当程度。专人负责、统一分配、品种完好无破损，数字准确。

2．宴会布局

1）台型设计

根据餐厅的大小形状、宴会规模、设备条件、客人要求做台型设计，使其美观、合理、符合并满足宴会要求。

2）台型布局

根据台型设计图将桌子整齐排列成型，桌与桌之间的距离适中，松紧适度，以方便客人就餐和服务员工作为宜，布局合理、美观整齐、桌布折缝一条线，桌腿椅子面一条线，瓶花台号一条线。

3）设计主桌

(1) 主桌的位置面向会场的主门，居显著位置能纵观全局、突出主位。

(2) 主人、主宾入、退席通道为主通道。

(3) 台布、餐椅、餐具、花草装饰与其他桌要有区别。

4）布置美化现场

(1) 按预订内容、标准布置美化宴会会场，调试好音响、麦克风等宴会主题词，主席台背景，会场氛围、灯光，麦克风符合宴会要求。

(2) 对客人所请的婚庆公司负责布置会场，应做好协调督导，要求在规定时间内完成。

5）设计工作台

根据宴会所需，合理设置服务工作台，每个工作台、服务餐台应明确位置。

3．宴会摆台

1）摆台规格

摆台的规格按宴会的规格高低来决定，一般宴会摆 5 件头素台面，另每桌配 5 个白酒杯；高级宴会或普通宴会客人饮白酒、红酒、饮料时，应摆 8 件头素台面其规格与宴会档次、标准一致。

2）摆台

【参考视频】

(1) 将设计好的台型图摆放到餐桌。

(2) 按铺台布的方法铺底布、面布，四周下垂均匀股缝朝上。

(3) 按照 10 人位台要求的“三三二二”方法摆放餐椅上、下方各 3 张，左右各 2 张。

(4) 转盘中心与餐台在同一圆心上。

(5) 按规范摆餐具、杯具、用具。

(6) 摆公筷、公勺两套，分别摆在正、副主人的前方，筷头、勺柄朝右。

(7) 摆菜单，将宴会菜单摆在主人餐具前方，有条件应每桌摆一张，最少保证主人、主宾桌上各有两份菜单。

(8) 主桌摆上花盆；依台型图摆上台号卡。

2014 年 APEC 会议欢迎晚宴会场布置

作为 2014 年 APEC 会议的“主力场馆”，国家会议中心承担着为期 7 天的领导人会议周中 6 天的接待任务：210 场会议和活动、165 场餐饮，约 9.1 万人次参会。

1．4 小时内“翻台”180 桌

11 月 9 日，2014 APEC 会议周最大规模的会议——工商领导人峰会在国家会议中心举行，由于规模大、就餐人数多，这一天是国家会议中心在整个会议周期间最具挑战的一天。中午是 2000 人的自助午餐；下午 2 点，上百名服务员迎来一场“硬仗”，在 4 小时内要将 180 张直径 2 米的桌子、2000 余把椅子，以及刀、叉、筷、勺共约 31500 余件餐具全部清理完毕。

同时，工商领导人峰会欢迎晚宴需要的全部物资要运进同一场地，包括 100 张鸡尾酒高桌、160 张沙发、20 组椭圆桌以及 40 个茶几，以及晚宴所需的 20000 余件餐具。两场宴会之间允许翻台的时间有限，忙碌峰值时，有超过 260 名员工同时工作，如此规模和数量的翻台工作，需要经验和互相之间的默契配合。国家会议中心经过反复修改方案，找出最方便、合理的撤场和进场路线，确保翻台现场忙而不乱、高效高质地完成了相关工作。

2．14 组主题摆台装点餐桌

国家会议中心 APEC 会议餐饮服务中，摆台装饰成为一大亮点。老北京四合院、兵马俑、传统民俗等 14 组不同风格的摆台装饰体现中国元素。这些摆台装饰是专门为 APEC 会议设计并由国会厨师独立制作的，从年初就开始筹备，56 个摆台装饰在会议期间在餐台亮相。

除了摆台装饰，会议餐菜品也是颇具新意。此次餐饮体现融五洲风味、展中国特色、秀北京文化三大特色，既有澳洲水果雪饼、新加坡香辣米粉、菲律宾烩鸡等五洲风味特色食物，也有担担面、小笼包、年糕等中国特色美食，还有宫廷小窝头、芸豆卷、驴打滚等北京小吃，让参会者品尝到了不同风格的美食。

4．开餐前准备

1）备餐具

按宴会所需备好餐具、用具，整齐摆放在工作台上，要洁净、卫生、分类摆放。

2）备小毛巾

按规定形状折叠好小毛巾，存放于毛巾车或毛巾柜内消毒，温度要适中，量足够。

3）摆酒水

按客人要求将酒水统一摆放在桌子上或工作台上，统一对称商标朝向来宾。

4）空调、灯光

(1) 提前 60 分钟开启空调温度适宜。

(2) 提前 30 分钟开启宴会厅所有灯光并检查灯具。

5）检查落实

(1) 楼面经理提前 1 小时对宴会各项准备工作及要求进行例检，确保宴会任务圆满成功，各项准备需达到宴会要求的标准。

(2) 提前 30 分钟进行最后检查，对不符合要求的要立即改进弥补。

6）上凉菜

(1) 提前 30 分钟上凉菜，上菜不重、不漏，看面朝向客人。

(2) 上菜时注意荤素、味型、颜色的搭配，并做好检查。

5．迎接客人

1）站岗迎客

所有准备工作结束，确认开餐前 30 分钟进入工作状态，迎宾员站在大门口，服务员站在指定位置，面向宴会厅门口准备迎接客人。迎宾员应精神饱满、站姿规范、提前进入状态。

2）热情问候

【参考视频】

客人到，迎宾员应热情礼貌地问候，把客人引进宴会厅或专用的休息厅休息，应微笑、热情、使用敬语。

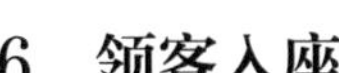

6．领客入座

1）迎客入座

客至宴会厅，服务员行 35° 鞠躬礼，并说“欢迎光临”，按宴会规定座次图把客人引入席(符合宴会规定及主人要求)。

2）拉椅让座

拉椅背，用手示意客人入座，左膝抵椅背往里送，至客舒服为好(拉椅顺序：女士、重要客人、一般客人、主人)。

3）存放衣物

接过客人衣物，挂在椅背上，征得客人同意，用椅套将客人的衣服、包套住，并提示客人“请保管好自己的随身物品”。明确工作范围，语言到位，靠近通道附近、上菜位必须使用椅套。

4）送巾敬茶

送上小毛巾，敬奉茶水，按先主宾后主人，再顺时针方向从每位客人的右侧进行。

7．落巾抽筷

1）落巾

逐位取口布扣，侧身向后解口布铺在客人膝盖上(动作规范，口布扣、筷套及时存放归位)。

2）抽筷

为客人抽取筷套，换上热毛巾。

8. 宴会仪式

1）仪式前准备

了解客人举办宴会仪式的时间、顺序、内容，确定服务项目并做好相应的准备。宾主开始致辞时，通知暂停走菜，关掉背景音乐，服务员肃立一旁或适当位置，用托盘准备好 1～2 杯酒，等待。

2）宴会仪式

客人到齐，征得主人同意，举行仪式。

9. 斟倒酒水

1）斟预备酒

大型宴会，应征得主人同意提前 10 分钟斟预备酒，一般斟色酒若有 3 种酒时按白酒→红酒→啤酒→饮料顺序；用手示意询问客人喝什么酒，一定要保证客人干杯时杯中有酒。

2）斟酒顺序

按先主宾后主人，再顺时针方向进行。主桌或高级宴会有 2 名服务员时，可由 1 名服务员从主宾，另 1 名服务员从副主宾开始按顺时针方向斟，酒水放置托盘中，商标朝向客人，右腿朝前站于两位客人桌椅之间，左脚在后，脚尖着地，呈后蹲姿势。左手持盘，右手持瓶，依序从每位客人的右边斟酒，斟酒量均匀：白酒八分满，红酒根据客人要求八分或五分满，白葡萄酒六分满，啤酒、饮料、黄酒斟八分满，动作规范，斟酒时符合礼仪，不滴不洒。

10. 招呼开席

1）撤鲜花、台号

将主桌的花盆和其他桌的瓶花、台号撤走，放置在落台或规定地方，摆放整齐。

2）转单入厨

楼面经理就出菜席数开单入厨通知厨房走菜。出菜时间在主人宣布宴会开始后，能保质保量按时出菜。

11. 上菜分菜

1）按序上菜

按先冷后热、先荤后素、先咸后甜、先优质后一般的原则上菜。

2）规范上菜

上菜先撤盘，调整台面，腾出上菜的位置，双手端盘，将菜上至转台，并转至主宾、主人处，退后半步报菜名并介绍其特点或典故趣闻，上菜符合礼仪，上带盖的菜汤，上桌后征的客人的同意将盖撤下。

上菜位置，大型宴会一般在副主宾右边的第一或第二位客人之间侧身上菜、撤盘，使用礼貌用语，注意不要在主人、主宾身边进行，以免影响客人就餐，介绍生动简洁、声音清晰响亮。

3）出菜速度

熟知菜品烹制方法、过程，结合客人就餐快慢，掌握好上菜节奏，既不能造成空台又不能堆积过多，菜品太多可采取大盘换小盘，全场统一出菜，每道菜的间隔时间一般为4～5分钟。

4）分菜、派菜

根据宴会规格和客人要求进行分菜、派菜，并提供相应的服务。派送菜品应从客人的右手边，并按先主宾后主人再顺时针方向进行，掌握好分菜件数，分量均匀，汤不流失，分后留少许在盘中让客人自取。

12．席间服务

1）撤换餐具

分菜后，应撤换与装菜相同的碗、盘、碟，再行派送菜点，撤餐具时发现里面还有菜点，应礼貌征询客人是否还要用，再做处理。上甜食时应撤换全部小餐具，应注意客人用餐习惯，如客人筷子放在骨碟上，换后将筷子还原。每吃完一道菜换一次骨碟，随时保持客人前面的小餐具与摆台数量基本一致，经客人同意后方可撤走，动作熟练，手法干净，撤换餐具分两次进行，随时保持餐台清洁卫生。

2）续斟酒水

随时注意观察每一位客人的酒杯，当客人干杯或杯中酒只剩下 1/3 时，应及时添加，记住每位客人所饮酒水，征询后再添加。

3）勤换烟灰缸

客人抽烟应主动点烟，并注意添加和撤换烟缸，烟缸内有2个烟头就应及时更换。

留意打火机火苗不要太高，以免烧伤客人，使用干净烟缸盖住脏烟缸一起撤到托盘内，再把干净烟缸放置餐台上。

4）勤换毛巾

应做到客到递巾；上汤羹、炒饭后递巾；上虾蟹等用手抓菜后递巾，用过的毛巾及时收回。上毛巾应使用毛巾盘，以避免弄湿台面。

5）服务中做到三轻、四勤

“三轻”即走路轻、说话轻、动作轻。

“四勤”即眼勤、口勤、手勤、脚勤。随时观察用餐情况，掌握客人的用餐需求。

6）餐中敬酒

宴会中，如主人起身离开座位去敬酒，应帮助拉椅，并将其口布的一角压在骨碟下托着酒跟在主人身后，以便为客人续酒，所斟酒水应符合客人要求的品种。

7）敬送水果

清理台面，换餐具，送上时令水果，上水果叉或牙签等。

8）上毛巾、热茶

客人餐毕，送上一道热毛巾，再上一道热茶。

13．结账签单

1）清点酒水

请主办人一起分类清点酒水、名烟的使用及剩余数量，对剩余部分作退酒处理。必须集中分类清点，并让客人确认签字，用过的空瓶罐集中存放，以利于清点。

2）银台打单

所有的账单和宴席预订单一同拿到银台汇总打单，将账单放至收银夹，请客人结账买单，实际出菜桌数应双方确认签字，优惠事项，收费标准，按宴会预订单规定执行，账单确认不错、不漏，找补清楚。

3）银台收款

双手递上客人意见簿征求客人的意见，银台收款或请客人签单。

14．敬语送客

1）拉椅

宴会结束，客人站起准备离席，服务员主动拉椅，留出退席的通道。

2）提示

取椅套，提醒客人带好物品，帮助客人穿外衣。

3）送客

将客人送至宴会厅门口，热情送客，并向客人致谢。

15．收尾工作

1）关闭电器设备

关闭空调、音响及部分照明、节约用电。所留照明能满足收尾即可。

2）收舞台、撤饰品

撤主席台背景及饰物，撤离物品放置于规定的地点，摆放规范。

3）收台

按规范收台，顺序为：围椅、收布草、收玻璃器皿、收茶具、分类收大小餐具、收金属器皿，玻璃器皿使用杯筐。收台后应分类进行集中清洗。

4）清理现场

撤临时工作台，打扫店堂，清出酒瓶等杂物，清洗、擦拭、存放餐用具，归还借用物品；摆台整理桌椅。收尾工作规范，不能当着客人的面打扫店堂、擦拭餐具，恢复餐厅原状。

2.5.2 中餐宴会个性化服务标准

1．客人遗留物品处理服务标准

当客人将要离桌时，服务员环视周围有无客人放入不明显处的物品，并提醒客人检查；当客人已离开餐厅，这时服务人员发现现场有客人遗留物品，应立即想办法将遗留物品送还给客人；若客人未走远，应立即将物品交给客人；若客人已走远，无法将客人物品交给客人时，服务员将把客遗物品交给领班，告诉领班，说明客人的包间和位置单位基本特征；当服务员把东西交给领班，领班应交给经理，由大堂经理当面清点物品，要填写物品登记单或由餐厅保管；餐厅要做交接工作，确保客人返回寻找时，给予及时服务。

2．酒水寄存服务标准

客人在用餐结束后，还有剩余酒水时，应主动询问客人是否寄存；如果寄存，服务员应将寄存牌写好，说明酒水品名和数量；请客人签字确认，并留下联系电话号码。

在寄存酒水时，还应说明寄存时间：白酒 6 个月、红酒 3 个月、其他 1 个月、洋酒可延长；服务员应定期检查酒水质量，并由领导与客人联系征求处理；若客人走后，服务员主动帮客户寄存酒，如过期的话，由餐厅自行处理。

3. 中餐宴会房卡及签单结账服务标准

1）房卡结账程序

(1) 服务员应让客人出示房卡，然后立即持账单和房卡，询问收银员该客户是否可以签单，服务员自己也应先核对签单人和房卡上的签名相同。如不同，应轻声告诉客人挂房间要求本人签字。

(2) 如不可以签单，则委婉向客人解释清楚，请客人用其他方式结账(必要时请客人出包间说明)；若可签单，要等收银员挂账后，立即将房卡送回客人，并表示感谢。

2）签单结账程序

(1) 如是协议单位，服务员请客人将单位名称、姓名一并签上(常客除外，不用写单位)然后持单去收银台结账核对是否协议单位指定的签单人，则委婉向客人解释，请客人用其他方式结账。

(2) 签单后告知客人挂房间或协议单位是不开发票的，统一结账后一起开。

(3) 向客人表示感谢。

3）现金结账

(1) 服务员在客人点主食时，开好酒水单并通知收银员打印账单。为客人上完水果后，并到收银台拿取账单，然后核实账单，放入账夹内。

(2) 当客人要求结账时，将账单递给客人并轻声告诉金额，如客人对账单有疑问，服务员应耐心解释。

(3) 客人用现金并当客人面点清：收其多少钱，并询问其是否需要开具发票。

(4) 如客人要发票，应迅速递上账单，递上饭店的专用纸和笔，请客人写清发票抬头，并确认，然后将现金和发票内容交给收银员收钱找零。

(5) 最后把找零和发票放在找零袋内放入账单夹上，双手呈给客人，并带上敬语。

4）信用卡结账

(1) 服务员应了解本餐厅所接受的信用卡种类。

(2) 如客人用信用卡结账时，服务员应请示有关证件同时询问客人是否开具发票，再检查卡是否有损坏或超过有效期。

(3) 如客人要求开发票，请客人在账单上写清公司名称和姓名，将账单和信用卡有关证件交给收银员，刷卡成功后，收银员交给客人签字。

(4) 服务员请持卡人在签购单的规定范围内签单并核对签名与信用卡的名字是否相同，再交给收银员核对，然后把签购单的持卡人和存根发票交给客人。

4. 宴会细节服务

【参考视频】

做餐饮服务，只有把细节做到位，才能真正赢得顾客的心。在为客人服务的过程中，服务人员的一个动作、一个眼神都影响到客人对酒店的印象。今天餐饮业已步入微利时代，要想维护好自己的客源，就必须要学会在细节上下功夫。

(1) 发现就餐的客人中有外国朋友，要主动询问是否需要刀叉，因为不是所有的老外都会使用筷子。

(2) 上菜要先移动位置，然后再上菜，并考虑下一道上菜的位置，上豌豆或豆腐等菜肴时要跟上调羹，带调料的菜肴应先上调料后上菜肴，这样的目的是告诉客人上来的调料是用在这道菜上的。分菜时提醒客人避免将汤汁弄到客人身上，拿取餐具或饮料时要使用托盘。

(3) 随时关照客人的茶杯、酒水杯内是否有茶和酒水，并及时斟酒。这样不但提高酒店酒水的销售，还能避免客人干杯时酒杯内没有酒水而带来的尴尬。

(4) 营业前要仔细检查自己负责区域内的餐前准备工作是否做好，包括卫生、餐具开水、茶叶、酱醋缸、牙签盒等。

(5) 管理人员在营业时应实行走动式管理，要不断在自己的工作区域巡视，看服务人员的服务是否到位，烟缸、骨碟是否需要更换，菜是否上齐等。在值台或巡台过程中，还要随时留意客人的表情动作，如果发现有客人东张西望时，要主动上前询问是否需要帮助。

(6) 在物品使用上应该坚持哪里拿的东西放回哪里，向谁借的东西归还给谁的原则，并且要让员工记住本部门物品用品的摆放位置。

(7) 让员工养成每天按时检查设备设施的习惯，如果发现设施损坏，及时报告主管和工程部。

(8) 给客人倒好酒水饮料后，要收去茶水，客人表示不再饮酒时，收去酒杯，并倒上饮料或茶水。这些简单的动作有时可以给酒店带来更大的酒水销售量。

(9) 每日发生的意外事故或投诉要告之部门领导，以便在每天的例会上通报一下，避免员工在同一个错误上“摔”倒两次。

(10) 如果发现就餐的客人中有带小孩的，要及时地为客人搬来宝宝专用椅子。

(11) 看到客人掏香烟时，应马上掏出打火机，第一时间为客人点烟，这样会让客人感觉很舒服。

(12) 上菜前检查菜内是否有异物，如头发、虫子、苍蝇等，多把一道关，可以减少一次投诉。

(13) 上菜时要清楚响亮地报出菜名，并请客人慢用。让客人清楚自己吃的是什么菜，让客人记住自己喜欢吃的菜，能为酒店赢得更多的客源。

(14) 见到客人要在 3 米内向他们微笑致意，接听电话时，要让电话那头的客人听到微笑，因微笑不但能给客人带来喜悦，而且可以化解客人的不满。

(15) 服务过程中要及时撤下空盘，并将所剩的菜肴换成小盘，这样不但方便上菜，还能保持桌面的整洁。

(16) 客人的筷子或餐具掉在地上时，服务人员要在第一时间为其换上干净的餐具。

(17) 如果发现酒店内有虫子、苍蝇等，应想方设法消灭。如客人看到这些异物，不仅会给客人留下酒店卫生不过关的印象，还容易发生投诉事件。

(18) 在服务过程中，服务员要暂时离开岗位，如果需要买单、催菜、送餐具或其他事情，要请其他同事代办照看自己的服务区。

(19) 随时注意客人对酒店环境、菜肴、价格的看法，并记录下来转交给经理。

(20) 如果发现地上有垃圾，应随手拾起，只有这样才能保持酒店就餐环境的整洁卫生。

上完菜后，及时提醒客人菜已上齐。

2.5.3 西餐宴会服务操作程序与标准

【参考视频】

1．西餐宴会餐前准备的标准

看宴会预订单，了解宴会人数、国籍、用餐标准、举行时间、禁忌等。西餐宴会台形设计：根据人数和来宾情况，可排成“T”形、“Π”形、“M”形、“I”形等。要求台形美观适用，详细了解菜单，根据菜品准备好各种餐具、杯具；保证餐具、杯具干净、亮洁、无破损、无油渍。

1）西餐宴会铺台

台布要平整，台布要用白色，一定要洁净。铺的台布要中凸线对齐，两台布中间重叠 5cm。要让每张台布的接缝朝里。台布边四周下垂均匀对称，下沿长度以接触到餐椅边沿为准。

2）拉椅定位

(1) 椅子之间距离相等。

(2) 椅子与下垂台布距离为 1cm。

3）摆餐具

按西餐宴会摆台要求摆好餐具。摆台之间要洗手消毒。摆台时用托盘盛放要用的餐具，边摆边检查餐叉、酒具，检查盘子是否干净、光亮、符合标准，如果发现不清洁或破损的餐具，要及时更换。手拿餐具(如刀、叉)时，要拿其柄部；拿餐盘、面包盘时，手不应接触盘面；拿杯具时，手指不能接触盛酒部位，要拿杯子的底座。

4）具体摆放要求

(1) 看盘居中。如有店徽，其摆放方向应一致，距离桌边 1cm。

(2) 刀、叉、勺。摆放位置由里向外，主刀叉、鱼刀叉、头盘刀叉，在鱼刀、头盘刀中间摆放汤勺，叉左刀右。刀口朝盘，鱼刀、鱼叉距离桌边 5cm，其他刀叉距离桌边 1cm。

(3) 面包盘。放于头盘叉左端，黄油刀放于面包盘内右侧。黄油碟放于黄油刀尖正上端。

(4) 摆杯具。其方向与桌面成 45°，由外向内依次摆白酒杯、红酒杯、水杯。

(5) 在盘中摆餐巾花。餐巾花折叠花形朝向应一致，站立平稳。主人位餐巾花要区别于其他餐巾花。

(6) 摆放盐椒瓶、烟缸、牙签、烛台。

① 摆好台后要全面检查一遍，查看是否有漏项或错摆现象；检查花瓶等公用物品是否摆正。

② 在宾客到达 5 分钟之前，把宾客要用的黄油、面包摆放在面包盘、黄油盘中，全部宾客的面包数量应是一致的。

③ 准备好各种酒水饮料，该冷冻的放入冰箱，保证各种饮料符合饮用要求。

④ 对宴会前各项准备进行一次全面检查。

⑤ 餐厅主管召集全体员工开会，讲明宴会内容、要求，明确分工及注意事项。然后服务员应整理着装及仪容、仪表。

⑥ 各岗归位。迎宾员站立于迎宾岗，服务员站在桌旁，面向门口。

⑦ 准备适合宴会进餐的背景音乐，音量要适中。

注意事项：

宴会开始前，为方便客人，应在大堂较为醒目的地方设立告示牌明确宴会地点。客人走进宴会厅入口处，要有专人负责问候、迎宾。需要签到的，要设专人负责签到工作。

2．西餐宴会席位安排(图 2-18)

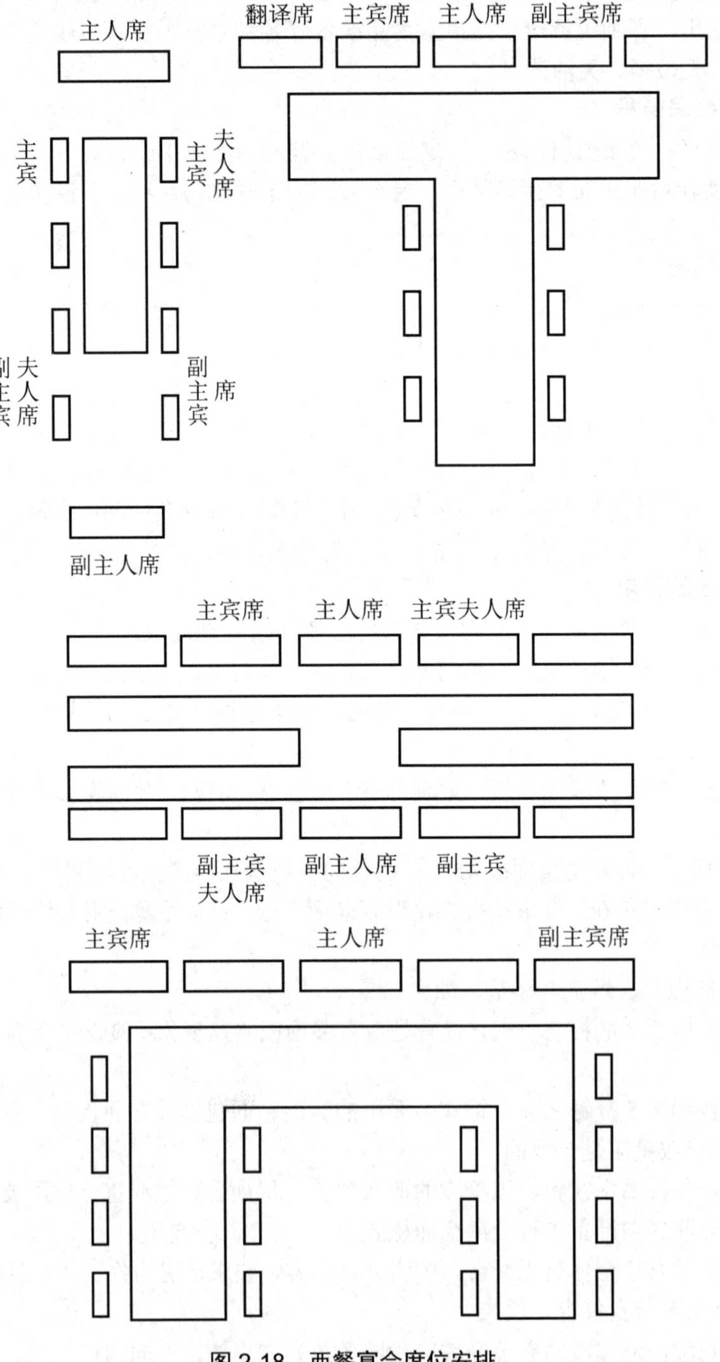

图 2-18　西餐宴会席位安排

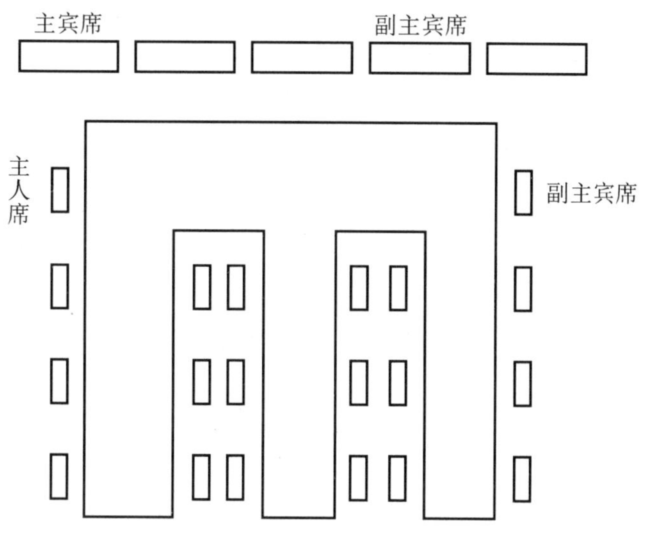

图 2-18　西餐宴会席位安排(续)

3．迎宾

(1) 客人进来时，要向客人问好。见客人到来，应面带微笑，主动招呼“您好，欢迎光临”“早上好”“下午好”“晚上好”等(12 点钟前问候早安，12 点钟后问候午安，18 点钟后问候晚安)。

(2) 对外宾用英语问候，对熟悉的客人用姓氏称呼。

(3) 帮助客人脱外衣、拿雨伞的包裹，并把这些东西放于衣帽间内，做好记录。

(4) 为客人拉椅让座。

(5) 为客人铺上餐巾(具体见西餐迎宾标准)。

(6) 点燃烛台上的蜡烛，烘托气氛。

4．上餐前酒服务

可以刺激食欲的酒都可以称为餐前酒或开胃酒。这类酒：不但可以刺激食欲，还有滋养、强壮、健胃等功效。餐厅服务员要根据斟酒服务的标准和要求进行餐前酒服务。

5．上菜及餐间服务

传菜员按顺序将菜品由厨房传放在工作柜上，由服务员为客人上菜，由客人左边上菜，主宾和女宾优先，且做到同来的宾客同时上菜。上头盘开胃菜，如果有酒配用头盘，则要先于食品上酒，此时看盘可撤下。汤：冷汤配冷垫盘，热汤配热垫盘。撤走头盘及其配套使用的餐具。沙拉：吃完沙拉后，桌上所有吃沙拉及汤用的碟子、扁平餐具都应从右边拿走。

1) 主菜

(1) 上主菜时若配有专门的酒，应首先为客人倒一小点，让其品尝一下，如得到认可，则按女士、男士、主人的次序为客人倒酒。

(2) 主菜一般是每人一份。但若客人要求，也可为其派菜：服务员站在客人左边，左手托盘，右手拿叉匙，按女士优先，先宾后主的次序派菜。派菜时除了要注意速度外，还需保持优美的姿势，派菜时先派主菜，后派配菜。派的主菜应便利客人切割和食用。

(3) 客人开始吃主菜后，服务员应询问一下客人对主菜是否满意。

(4) 客人用完主菜后，撤走菜盘，但留下面包、黄油碟及黄油刀。

(5) 注意补充面包，及时倒酒。

2）水果

(1) 从客人右侧摆甜品叉、勺。

(2) 吃完水果，撤掉面包、黄油碟和刀和其他餐具，只留下水杯。

(3) 上甜点前，应用专用的面包刷或干净的服务布巾，将台上的面包屑及垃圾扫进左手拿着的托盘内(若情况允许，也可在进餐的其他时间做此项工作)。

3）甜品

(1) 上甜点前，把甜品叉、勺等从客人右边放到相应位置(有的餐厅在上水果前就已摆好甜品叉、勺，且水果叉用甜品叉代替)。

(2) 若需要葡萄酒或香槟，也应在此时先于甜品上到桌上。

4）咖啡或茶

从右边上咖啡或茶。咖啡杯放于杯碟上，碟上放一把咖啡匙，并跟上糖、奶，注意随时添加。

6．上佐餐酒服务

服务员根据斟酒的要求和标准为客人进行佐餐酒服务。

7．结账

主管提前准备好客人账单并核实。确认客人用完餐不再需要什么时，将账单夹在收银夹中呈送给客人。不要报出账单上金额。其他同结账程序与标准。

8．送客

客人离开时，应为其拉椅。为客人递上衣帽，在客人穿衣时配合协助。“这是您的衣帽，我来帮您穿上。”微笑向客人道别，并再次表示感谢。迎宾员在门口微笑送客，并说：“谢谢！欢迎再次光临”。及时检查是否有客人遗忘物品并及时送还。

9．收台

在客人离开后迅速收拾台面，将餐具、分类交厨房清洗。清理台面，撤换桌布、口布，将餐桌、椅按规定位置码放整齐，补充台面上相关物品，为下一餐做准备。

注意事项：

(1) 客人全部放下餐具后，询问客人是否可撤盘，得到客人允许后，方可撤掉餐具。有些宾客(多为外宾)将刀叉交叉放在盘内或是汤匙横放在汤盘内，就表示还没吃完，不能撤餐具。

(2) 撤餐具从宾客的右侧撤，不要在餐桌旁刮盘或摞餐盘，用右手撤盘，左手接盘，一次撤盘不得超过 4 个。

(3) 如果餐台上的刀、叉已用完，但尚有菜肴，就要在上菜前将刀、叉补齐，先斟酒，后上菜。

(4) 上菜时，服务员要挺胸收腹，不倚靠它物，呼吸均匀，从主宾开始，按顺时针方向轮转上菜，同时介绍菜名。

(5) 服务员在服务时注意动作要轻快敏捷，与宾客讲话声音不要太大，以宾客能听清为宜。

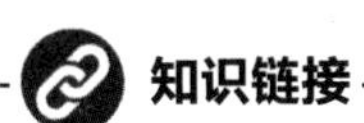

西餐用餐礼仪

1. 如何使用刀叉

(1) 进餐时，餐盘在中间，那么刀子和勺子放置在盘子的右边，叉子放在左边。一般右手写字的人，用西餐时，很自然地用右手拿刀或勺，左手拿叉，杯子也用右手来端。

(2) 在桌子上摆放刀叉，一般最多不能超过三副。三道菜以上的套餐，必须在摆放的刀叉用完后，随上菜再放置新的刀叉。

(3) 刀叉是从外侧向里侧按顺序使用(也就是说事先按使用顺序由外向里依次摆放)。

(4) 进餐时，一般都是左右手互相配合，即一刀一叉成双成对使用的。有些例外，喝汤时，则只是把勺子放在右边——用右手持勺。食用生牡蛎时，一般也是用右手拿牡蛎叉食用。

(5) 刀叉有不同规格，按照用途不同而决定其尺寸的大小。吃肉时，不管是否要用刀切，都要使用大号的刀。吃沙拉、甜食或一些开胃小菜时，要用中号刀。叉或勺一般随刀的大小而变。喝汤时，要用大号勺；而喝咖啡和吃冰激凌时，则用小号为宜。

(6) 忌讳用自己的餐具为他人来布菜。

(7) 不能用叉子扎着食物进口，而应把食物铲起入口。当然，现在这个规则已经变得不是那么严格。英国人左手拿叉，叉尖朝下，把肉扎起来，送入口中，如果是烧烂的蔬菜，就用餐刀把菜拨到餐叉上，送入口中。美国人用同样的方法切肉，然后右手放下餐刀，换用餐叉，叉尖朝上，插到肉的下面，不用餐刀，把肉铲起来，送入口中。吃烧烂的蔬菜也是这样铲起来吃。

(8) 如食用某道菜不需要用刀，也可用右手握叉，例如意大利人在吃面条时，只使用一把叉，不需要其他餐具，那么用右手来握叉倒是简易方便的。没有大块的肉要切的话，例如素食盘，只是不用切的蔬菜和副食，那么，按理也可用右手握叉来进餐。

(9) 为了安全起见，手里拿着刀叉时切勿指手画脚。发言或交谈时，应将刀叉放在盘上才合乎礼仪。这也是对旁边的人的一种尊重。

(10) 叉子和勺子可入口，但刀子不能放入口中，不管它上面是否有食物。除了礼节上的要求，刀子入口也是危险的。

2. 西餐中刀叉摆放含义

在西餐时，刀叉的摆放也是有含义的，您的用餐意愿均可通过刀叉的摆放来传达。

(1) 我尚未用完餐。盘子没空，如你还想继续用餐，把刀叉分开放，大约呈三角形，那么服务员就不会把你的盘收走。

(2) 我已经用完餐。可以将刀叉平行放在餐盘的同一侧。这时，即便你盘里还有东西，服务员也会明白你已经用完餐了，会在适当时候把盘子收走。

(3) 请再给我添加饭菜。盘子已空，但你还想用餐，把刀叉分开放，大约呈八字形，那么服务员会再给你添加饭菜。

注意：只有在准许添加饭菜的宴会上或在食用有可能添加的那道菜时才适用。如果每道菜只有一盘的话，你没有必要把餐具放成这个样子。

3. 如何使用餐巾

点完菜后，在前菜送来前的这段时间把餐巾打开，往内折 1/3，让 2/3 平铺在腿上，盖住膝盖以上的双腿部分。最好不要把餐巾塞入领口。

进餐一半回来还要接着吃的话，餐巾应放在你座椅的椅面上，它表示的信号是告诉在场的其他人，尤其是服务生，你到外面有点事，回来还要继续吃。餐巾如放到桌上去，就是就餐结束的意思。

那么餐巾它可以擦什么东西呢？它可以沾沾嘴。吃西餐的时候，如果要跟别人交谈，一定要用餐巾先把嘴沾一沾，然后再跟别人说话。餐巾可以擦嘴，但是不能擦刀叉，也不能擦汗。

4. 汤的吃法

一般使用的餐具是汤盘或汤碗。汤碗分带把儿和不带把儿两种。饮用汤要使用汤勺。握汤勺的方法同握写字笔近似，不要太紧张，也不能太松弛。握的位置要适当，握柄的中上部最为理想，看上去优雅自然。

(1) 姿势。进汤时，身体要保持端正，头部不要太接近汤盘，长头发的女士千万注意不要把头发落到汤盘里，那样既不卫生，又不美观。用勺子送汤到嘴里，而不是低头去找汤盘。注意不要让汤从嘴里流出来或把汤滴在汤盘外边。

(2) 声音。在进汤类食物时，避免发出向嘴里吸溜的声音。如果汤是滚烫的，可稍等片刻再享用，不可将嘴巴凑近汤盘猛吹。即使汤盘里只有少许汤底，也不可举盘把汤底倒入口中。可将汤盘向外倾斜，以便将最后的几滴用勺子舀起。如果是汤碗的话，最后的几滴可倒入口中。

5. 沙拉的吃法

(1) 作为头盘餐。沙拉做头盘是比较理想的选择，它既爽口又开胃，正统西餐的沙拉汁一般偏酸，也就是力图达到这个效果。西方人不习惯在餐前吃带甜味的沙拉。

(2) 沙拉的进餐用具。盛沙拉一般用沙拉盘，平盘、深盘都可以。一般讲究的餐厅要摆上刀和叉，即使有些人习惯只是用叉而不用刀。作为同主食一起上菜时的沙拉，把沙拉盘放在主菜盘的左侧，这时一般只放一把叉子。

遇见蔬菜的叶比较大时，要先用刀子和叉子将其折起来，然后再用叉子送入口中。

2.5.4 常见西式服务的种类及特点

1. 英式服务 (家庭式服务)

【参考视频】

1) 英式服务特色

家庭味浓，节奏缓慢。

2）英式服务方式

(1) 服务原则：主人在服务员的协助下完成用餐全过程，主要指菜肴切配装盘服务。

(2) 上菜方式：

① 服务员先将加热过的餐盘从右侧递至各位客人面前。

② 菜肴在厨房制作时并装入大餐盘内端至餐厅放在主人面前，由主人亲自动手切割装盘并配上蔬菜。

③ 服务员站在主人左边，把装好的菜肴依次送给每一位客人。

④ 蔬菜和调料放在餐桌上，由客人相互传递或自取。

⑤ 饮料由服务员在客人右侧斟倒。

2．俄式服务(国际式服务)

1）俄式服务特色

(1) 服务迅速。

(2) 气氛高雅：由于大量使用银器，因而显得高雅、气派，同时每位客人都能享受到个性化服务。

(3) 节省菜肴：采用餐桌旁分类。

(4) 银器投资大。

2）服务方式

(1) 服务原则：通常由一名服务员为一桌客人服务。

(2) 上菜方式：

① 在宾客餐桌不远处设一个服务桌，厨房出菜前服务员从厨房端出客人所用的餐盘，注意根据菜肴的不同选择热餐或冷餐盘。

② 厨师将烹调完成的菜肴用大银盘盛装，由服务员将大银盘端给客人过目以欣赏厨师的装饰手艺，从而刺激客人的食欲。

③ 服务员站在服务桌旁，面对宾客将菜分到餐盘中，每份菜都要精心分配，各份中主菜、配菜齐全一致，然后按顺序从宾客左侧送到宾客面前。

④ 斟酒、饮料服务在客人右侧进行。

3．美式服务(餐盘服务)

1）美式服务特色

(1) 服务快捷、简单，餐具成本低。

(2) 室内陈设大方简单，投资较少。

(3) 普及较广。

2）服务方式

(1) 食物由厨师在厨房按客人人数装盘，每人一份，服务员直接端送给客人。

(2) 上菜时在客人右侧进行，斟酒、饮料服务在客人右侧进行。

4．法式服务(餐车服务)

1）法式服务特色

(1) 豪华周到。

(2) 服务节奏缓慢。

(3) 费用昂贵。

(4) 原料成本高，采用率低。

(5) 服务不普及。

2）服务方式

(1) 服务原则：由两名服务员共同为一桌客人服务。其中一名为专业服务员，另一名为助理服务员，服务过程中各司其职。

(2) 上菜方式：

① 助理服务员把厨房准备好的餐食用推车送到客人餐桌旁。

② 专业服务员在客人面前分割装盘或客前烹制。

③ 为客人派菜：派菜时放上夹菜用的银制或不锈钢制的叉、匙各一把，服务员用左手托盘，在宾客左边将菜呈给宾客，由宾客自己动手将菜夹到盘内。

④ 在客人右侧斟酒或饮料。

2.5.5 西餐宴会酒水服务的流程与标准

1．上咖啡、红茶服务程序与标准

1）准备餐用具

(1) 咖啡具必须配套使用。

(2) 咖啡杯、碟、勺、奶盅、糖盅要干净无污，无破损，无水迹。

2）准备咖啡、红茶

(1) 将制好的咖啡装入咖啡壶，将红茶包装入茶壶。

(2) 在奶盅中装 2/3 淡奶。

(3) 准备糖盅，普通砂糖、低热量糖分、咖啡焦糖等按每人各 2 袋标准装入糖盅(有的西餐厅是提前已摆在桌上)。

(4) 咖啡淡奶要新鲜，咖啡、茶温度在 80℃以上。

3）摆放咖啡用具

(1) 咖啡碟置于客人正前方，咖啡杯反扣在垫碟上，杯柄朝左，咖啡勺放在咖啡杯右侧，与杯把平行。

(2) 摆放餐具时应使用托盘。

(3) 奶盅、糖盅要置于桌子中央，按每 2～3 人一套摆放。

4）服务咖啡

(1) 翻开咖啡杯，右手持咖啡壶，从客人右侧将咖啡倒在客人杯中。

(2) 服务顺序。女士优先，先宾后主，按顺时针方向。

(3) 倒咖啡、茶，倒至杯的 3/4 处，切忌太满。

(4) 倒咖啡、茶时不可将咖啡杯从桌面拿起。

5）添加咖啡/茶

(1) 随时为客人添加 1～2 次茶、咖啡。

(2) 第 3 次添加时需告知客人要追加订单。

2．上开胃酒服务程序与标准

1）准备

(1) 根据客人的订单准备好吸管、搅拌、杯垫。

(2) 了解酒水员所制作的开胃酒的名称、成分、特性以便于向客人介绍。

2）服务

(1) 上酒水时，在客人右侧用右手进行，按顺时针方向，女士优先，先宾后主。注意轻拿轻放。

(2) 礼貌地回答客人有关于开胃酒的问题。

(3) 再次为客人上开胃酒时，需准备新的酒杯。

3．上佐餐酒服务程序与标准

1）准备用具

(1) 根据客人所点的酒品准备好相应的杯具。

(2) 杯具应清透干净，无水迹，无破损。

(3) 酒篮(宴会斟酒时用)及白口布，还应准备冰桶。

(4) 备好开瓶器。

2）摆杯具

(1) 用托盘将酒杯端至桌边，矮的杯子放托盘前面，高的杯子放在托盘后面。

(2) 从客人的右侧把杯具放在桌上相应的位置(见宴会摆台)，注意轻拿轻放。拿杯具时应拿住杯具的底座，以免将手指印印在杯壁上，影响卫生及美观度。

3）示酒

(1) 白葡萄酒。上海鲜类及鱼类菜肴时配白葡萄酒。

从吧台领出客人所点的白葡萄酒。将冰桶里装满 2/3 桶的冰和水，然后将白葡萄酒放入冰桶中冷却 15 分钟，使白葡萄酒保持最佳饮用温度 7～13℃。左手以口布托底部，以防滴水，右手用拇指与食指捏紧瓶颈，标签朝向客人，以求认可，如果这种酒未被认可，适当地为客人更换。将冰桶连同酒水一起放在服务桌上，但须面向客人。

(2) 红葡萄酒。配主菜时饮用。

从吧台领出客人所点的红葡萄酒。在上主菜前，左手托住瓶底，右手扶住瓶颈，从客人右边把酒呈给客人，标签朝向客人(有的餐厅是用把红酒放入酒篮里向客人展示)以求认可。若被客人否定时，应给客人酒单，让客人重新选择，直到客人认可为止。

(3) 白兰地/利口酒。上咖啡时配用。示酒与红葡萄酒示酒程序相同。

4）开酒(在服务桌上进行，但须面向客人)

客人在用完汤，将要用海鲜、鱼类菜肴之前，询问客人是否可以开白葡萄酒；上主菜之前，询问客人是否可以开红酒；上咖啡之前，上白兰地酒或利口酒，在征得客人同意后，为其开酒。其程序、标准如下。

(1) 准备。备好开瓶器及工作用口布。

(2) 切割瓶口锡帽。用开瓶刀沿瓶口下沿内切一圈，割断锡封瓶帽。白葡萄酒在冰桶内操作。切断的锡帽用一小餐盘放起来，不可乱扔。

(3) 擦拭瓶口。用服务口布擦去瓶口污迹。

(4) 开启木塞。将开瓶器的螺旋铁拉开与开瓶器呈丁字形。将螺旋钻的尖端插入瓶塞后，将螺旋垂直旋转插入瓶塞，直到螺旋纹只剩下一圈为止，动作要准确、敏捷、果断。将支撑架拉开顶在瓶口上，左手指按住支撑架，并握住瓶口，再将瓶塞直接拉出。万一软木塞有破裂迹象，可将酒瓶倒置，然后再旋转酒钻。开拔瓶塞越轻越好，防止发出突爆声。把酒塞放在一个干净的小餐盘内，交给客人，让客人闻，以辨别酒的品质。

(5) 再次擦拭瓶口。

5）试酒

(1) 用白口布包住红酒/白葡萄酒的酒瓶。

(2) 在主人的酒杯中倒入一盎司量的酒，供主人品尝，“请您验酒”。

(3) 红葡萄酒须倒入醒酒器醒酒。

(4) 主人允许后开始斟酒。

6）斟酒

(1) 按先女士、客人、后主人的顺序斟酒，若是宴会，则由主宾开始按顺时针方向斟酒。

(2) 服务员手握酒瓶中下端，食指指向瓶口，其余手指握住瓶身，商标朝向客人，为客人斟酒。

(3) 斟酒时瓶口不要碰上杯口，也不要距离杯口太远，要控制住酒出瓶口的速度，当杯中酒斟到适度时，提瓶并旋转瓶身 100° ～180° 。

(4) 红葡萄酒斟酒杯的 3/4 杯满；白葡萄酒斟酒杯的 2/3 杯满；利口酒或白兰地只斟满杯的 1/6 或 1/5。

(5) 随斟随擦瓶口。

7）添酒

(1) 征得客人同意后，为客人添酒。

(2) 只要酒瓶中有酒，就不能让客人酒杯空着。

4．香槟酒服务程序

1）示酒

2）开瓶

(1) 开瓶时，在瓶上盖一条餐巾。

(2) 用开瓶器上的小刀在瓶颈下铁丝的下方处，将锡箔纸切开，后用刀把锡箔纸挑开。

(3) 左手斜拿酒瓶，大拇指紧压塞顶，用右手拉开铁丝卷，然后握住塞子的帽形物，轻轻转动上拔，靠瓶内的压力和手的力量将瓶塞拔出。

(4) 将瓶塞放入一干净小餐盘中让客人验酒的品质。

(5) 用服务口布擦拭瓶口。

3）试酒

在香槟杯中倒入一盎司酒，请点酒客人试酒，客人许可后，为其他宾客斟酒。

4）斟酒

同“斟酒程序”。香槟酒先斟 1/3 杯的酒液，待泡沫退去后，再往杯中续斟，以八成满为宜。剩余的香槟酒放入冰桶内，瓶身盖工作用口布。

5）添酒

开香槟酒时瓶口不可对着人、灯泡或任何玻璃器皿。开香槟时不可摇动酒瓶，以免冲击太多气泡与酒液。

5．餐后酒的服务工作标准

1）准备

(1) 检查酒车上酒和酒杯是否齐备。

(2) 将酒和酒杯从车上取下，清洁车辆，在车的各层铺垫上干净的餐巾。

(3) 清洁酒杯和酒瓶的表面、瓶口和瓶盖，确保无尘迹、无指印。

(4) 将酒瓶分类整齐摆放在酒车的第一层上，酒杯朝向一致，将酒杯放在酒车第二层上。

(5) 将加热白兰地酒用的酒精炉放在酒车的第三层上。

(6) 将酒车推至餐厅明显的位置。

2）餐后酒的服务

(1) 酒水员必须熟悉酒车上各种酒的名称、产地、酿造和饮用方法。

(2) 当服务员为客人上完咖啡和茶后，酒水员将酒车轻推至客人桌前，酒标朝向客人，建议客人品尝甜酒。

(3) 斟酒时用右手在客人的右侧服务。

(4) 不同的酒类使用不同的酒杯(图 2-19)。

菜　点	酒　品	杯　具
冷盘或海味杯	烈性酒	烈性酒杯
汤	雪利酒	雪利杯
鱼虾	白葡萄酒	白葡萄酒杯
副菜(又叫小盆)	红葡萄酒	红葡萄酒杯
主菜(又叫大盆)	香槟酒	香槟酒杯
甜点	石本酒	葡萄酒杯
水果		
奶酪	白兰地酒	白兰地杯
咖啡	利口酒	烈性酒杯

图 2-19　酒杯

6．上英国红茶的服务程序

1）准备用具

(1) 茶壶应干净，无茶锈，无破损。

(2) 茶杯和茶碟干净，无破损。

(3) 茶勺干净，无水迹。

(4) 奶罐和糖盅干净无异物、无破损。向奶罐内倒入 2/3 新鲜牛奶，糖盅内放袋装白砂糖、袋装蔗糖及袋装红糖。糖应不凝固，糖袋无破漏，无污迹，无水迹。

(5) 检查茶包是否有破裂，有水迹、污迹。

2) 准备茶水

(1) 用沸水沏茶。

(2) 每壶茶放入一袋无破漏、干净的英国茶。

(3) 沏茶时，将沸水倒入壶中至 4/5 的位置。

3) 上茶

(1) 使用托盘，在客人右侧为客人服务。

(2) 先将一套茶杯、茶碟、茶勺放在桌上，茶勺与茶杯把成 45°，茶杯把与客人平行。

(3) 用茶壶将茶水倒入杯中，茶水应倒满茶杯的 4/5，然后将一个装有奶罐和糖盅的甜食盘(上面应垫有花纸)放在桌上，由客人自己加糖和牛奶。

(4) 当茶壶内茶水剩 1/3 时，上前为客人添加开水。

(5) 及时为客人添加茶水。

7．饮料类服务程序与标准

1) 准备用具

(1) 检查杯具，杯具应干净无污迹，无水印，无破损。

(2) 准备好吸管和搅拌棒。

2) 饮料服务

(1) 用托盘送上与客人所点饮料相应的杯具。

(2) 站在客人的右侧 0.5 米处，按先女士后男士、先客人后主人的顺序依次进行。

(3) 左手托盘右手取杯，在客人的右侧将杯子放在主餐刀的正上方。

(4) 倒饮料前须示意客人“Excuse me，here is your drink.”

(5) 给客人倒饮料速度不宜过快，饮料商标要朝着客人，开瓶时，瓶口不要对着客人，啤酒应顺着杯壁倒入，瓶口距离杯口 1.5～2cm。

(6) 将所剩饮料或啤酒放在杯子右上方，商标对着客人。

(7) 请客人慢用“Please enjoy your drink.”

(8) 如果客人点的是混合饮料，要提供搅棒；冰冻饮料的温度要适中。

3) 用餐过程中服务

(1) 及时为客人添加饮料。

(2) 当客人杯中的饮料只剩下 1/3 时，服务员须及时询问客人是否需要再添加饮料。

(3) 及时为客人撤掉空杯。

课堂讨论

1．宴会开餐前的准备工作中，服务人员应该准备哪些服务用具？

2．分菜服务共有几种方法？应该注意哪些事项？

3. 宴会结账买单的方式都有哪些？应注意哪些问题和细节？
4. 正确说出西餐宴会的上菜顺序。
5. 简述西餐宴会佐餐酒的服务程序及标准。
6. 简述常见的西式服务的特点和区别。

单元小结

通过本单元的学习，学生应该能够掌握中、西餐宴会的服务流程与操作标准，对宴会开始前、进行中、结束后的各个环节掌控自如。能够根据中、西餐宴会的主题和顾客的其他要求，设计合理的服务程序。对于西餐宴会的酒水服务流程有熟练掌握，深刻理解不同类型的西式服务的特点和服务方式。能够根据不同的宴会特点选择不同的酒水程序和服务方式。

葡萄酒的功效与作用

葡萄酒的功效有很多，但是吃葡萄却达不到喝葡萄酒的保健效果，这是因为红葡萄里抗衰老的自由基主要存在于葡萄皮里，而防治心血管病有效的丹宁酸，主要在葡萄籽中。所以长期适量地饮用红葡萄酒，确实可以起到养生保健的作用。

1. 葡萄酒与心血管病的防治

葡萄酒中的原花青素，能够稳定构成各种膜的胶原纤维，能抑制组氨酸脱羧，避免产生过多的组氨，防止动脉硬化。据美国医学研究会统计资料表明：喜欢饮用低度葡萄酒的法国人、意大利人，心脏病死亡率最低；而喝烈性酒多、葡萄酒少的美国人、芬兰人心脏病死亡率很高。

2. 葡萄酒对脑血栓的防治作用

葡萄酒中含有白藜芦(Resveratrol)，它是一种植物抗毒素，具有抑制血小板凝聚的作用。葡萄酒中的藜芦存在于葡萄皮上，是一种到杉新苷葡萄配糖体，在每升红葡萄酒中含 1 微克左右，而在白葡萄酒中只含 0.2 微克。实验表明：即使将红葡萄酒稀释 1000 倍，对抑制血小板的凝聚作用仍然有效，抑制率达 42%，可减少脑血栓的发生。

3. 葡萄酒可防治肾结石

德国科学家在研究中发现，适量饮用葡萄酒可以防止肾结石。慕尼黑大学医学研究所的医学家们最近指出：多饮用饮料可以防止肾结石的传统说法并不科学，也不全面，最重要的是要看饮用何种饮料，通过对 4.5 万健康人和病人的临床观察，研究人员确认，经常饮用适量葡萄酒的人，不易得肾结石。研究人员发现，适量饮用葡萄酒的人，得肾结石的风险也不一样，每天饮用 1/4 公升咖啡的人，得肾结石的风险要比无此习惯的人低 10%；常饮红茶则要低 14%；而常饮葡萄酒的人得肾结石的机会最少，得病的风险要比无此习惯的人低 36%。

4. 葡萄酒可预防乳腺癌

最新实验结果显示：以葡萄酒饮料喂养已诱发得了癌症的老鼠，发现葡萄酒对癌症有强烈的抑制作用。美国科学家最近发现，葡萄酒里含有一种可预防乳腺癌的化学物质，位于旧金山葡萄酒研究所的罗伊·威廉姆斯在华盛顿举行的记者招待会上说，他们在红葡萄酒和白葡萄酒中发现一种有预防乳腺癌的物质。这一物质之所以有这种功效，是因为它能抗雌激素，而雌激素与乳腺癌有关。

5. 葡萄酒能抑制脂肪吸收

日本科学家发现，红葡萄酒能抑制脂肪吸收，用老鼠做试验，给老鼠饮用葡萄酒一段时间后发现，其肠道对脂肪的吸收变缓。对人做临床试验，也获得同样的结论。

6. 红葡萄酒防治视网膜变性

美国哈佛大学研究发现：红葡萄酒有防止黄斑变性的作用。黄斑变性是由于有害氧分子游离使眼底组织内黄斑受损，而葡萄酒，特别是红葡萄酒中含有能消除氧游离基的物质——白藜芦醇，能保护视觉免受其害。试验证实：经常饮用少量红葡萄酒的人，患黄斑变性的可能性比不饮用者低 20%。

7. 葡萄酒有助于提高记忆力

科学家公布的实验结果表明：适量饮用葡萄酒，有助于提高大脑记忆力和学习能力。两位来自米兰大学的医生经过大量实验发现，适量饮用葡萄酒将促进大脑内产生一定量化学物质，这种物质能促进一种与神经细胞记忆有关的物质生成。据测定：饮用葡萄酒后这种物质的生成量比未饮用者增多。另一位医生发现，肥胖患者在减肥期间适当饮用葡萄酒，将保持旺盛的精力，不会因为节食而萎靡不振，导致记忆力减退。

考考你

1. 台型设计中，主桌设计的基本要求有哪些?
2. 中餐宴会开餐前应该做好哪些准备工作?
3. 简要说明中餐宴会中应该提供哪些席间服务。
4. 简述为顾客斟酒时的注意事项。
5. 西餐宴会中应注意哪些用餐礼仪。
6. 简要说明开葡萄酒的程序与标准。

【本章小结】

本章全面地阐述了宴会设计的各要素，详细介绍了宴会场景设计。针对当前宴会设计的实用性，分析了宴会解说词的作用，重点介绍了宴会台面设计的方法和步骤，针对宴会的特点，对宴会菜单进行了分类。宴会服务设计的介绍，使学习者能够更清晰地对宴会服务及设计有所认识，为宴会统筹管理的学习奠定了基础。

【知识回顾】

1. 简述如何进行宴会场景设计。
2. 简述宴会解说词的作用。
3. 如何制作一份主题宴会菜单？
4. 简述宴会台面设计的作用。
5. 简述如何做好宴会服务设计。
6. 请自选主题，设计一台宴会。
7. 如何设计中餐服务流程？
8. 如何设计西餐服务流程？

【体验练习】

选择你所在城市的一家酒店，观察这家酒店所举办的某个主题宴会，并对这场宴会设计各要素进行评价。

Chapter 3

宴会统筹管理

【学习任务】

- 了解宴会预定的内容
- 掌握宴会营销管理的方法
- 熟知宴会成本控制的方法
- 熟悉原料采购的知识
- 运用验收知识进行验收
- 分析运用宴会质量控制的方法

【知识导读】

随着经济的发展，生活条件的改善，以及国内、国际交流日益频繁，作为人与人之间社交活动形式之一的宴会，越来越受到人们的重视。由于宴会关系到整个酒店的财务收益，因此宴会统筹管理在酒店整体经营上占有举足轻重的地位。餐饮管理人员掌握宴会预定、宴会营销管理、宴会成本控制、宴会采购知识、宴会质量控制方法等知识，必将对酒店、餐饮企业的发展起到推动作用。

【内容安排】

- 宴会预订管理
- 宴会营销管理
- 宴会成本管理
- 宴会生产管理
- 宴会质量管理

3.1 宴会预订管理

小王是某饭店的宴会预订员，她第一次接到客户的大型宴会预订电话时，在记录了宴会预订的基本情况后，就急忙带上预订单与合同书亲自到客户的单位去确认，结果客户看过预订单后提出预订的信息有误，需要修改，导致小王无功而返，白跑一趟。那么如何才能完成好宴会的预订工作呢?

◎ 深度学习

3.1.1 宴会预订的方式

一个管理有序的酒店或餐饮部，是十分重视宴会预订工作的，不仅设有专门的宴会预订机构和岗位，而且还建立和完善了一整套宴会预订管理制度。宴会预订既是客户对饭店的要求，也是饭店对客户的承诺，二者通过预订，达成协议，形成合同，规范彼此行为。宴会预订是宴会经营管理活动中不可缺少的一个重要环节。

1．预订人员的素质

宴会预订人员应是了解酒店的、有经验的专业人员，如宴会预订员、前厅接待员、大堂副理、经理办公室秘书、各部门经理等。

工作态度方面要有事业心和责任心，工作认真仔细，态度热情周到，讲究信誉，履行承诺，保持职业风范。

公关意识方面要善于沟通，长于交际，有亲和力。

仪容仪表要求气质高雅，形象美观，服饰、举止符合礼仪。

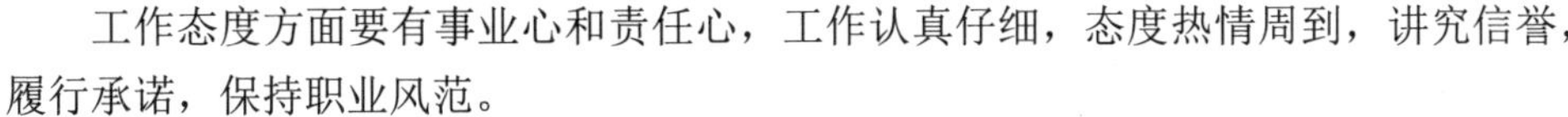
礼貌用语要讲究口头语言和身体语言的艺术，让顾客感受到舒服、愉快和被尊敬。

熟悉业务方面要求具备餐厅、菜肴、服务知识，了解本酒店餐厅的面积、座位数、宴会厅的服务设施、接待能力，各类菜肴的风味特色、口味特点、加工过程，各种档次宴会的标准售价等。

2．准备相关资料

预订员应熟悉酒店产品，了解宴会场地的接待能力，本酒店的技术力量和设施设备。酒店事先编制一套预订时供客人询问、比较、选择用的书面或电子版资料，有宴会厅平面图、宴会厅容量表、宴会厅租金价目表、宴会菜肴及酒水价目表等。资料应图文并茂，简明完整，色彩艳丽，具有实用性和艺术性。根据酒店档次、经营目标、目标市场等因素，事先制定一套高、中、低不同档次的菜单供客人选择。

认真设计接待程序，包括交谈内容、交谈次序。先谈什么，后问什么，要有良好的连贯性和规范性；应该问的项目不能缺，不该问的问题不必问。

3．了解预订信息

1）宴会时间

宴会举办的具体时间(年、月、日、星期以及早、中、晚餐，宴会持续时间等)。宴会中的祝酒词、演出的具体时间。大型宴会的客人布置场地的时间和员工准备工作时间。

2）宴会标准

宴会消费总数、人均消费标准、每席价格标准、是否包括酒水费用，有否服务费、预订费用以及其他费用，付费方式与日期。

3）宴会菜单

宴会菜式、主打菜肴的要求，有可供变换、递补的菜点，可供选择的酒单。

4）宾客情况

预订人的姓名、单位名称和联系方法；客人年龄、性别、职业、风俗习惯、喜好禁忌(必须首选考虑宗教饮食禁忌)，有何特殊要求。有无司机及其他人用餐方式与标准等。

5）宴会场地

宴会厅的大小、氛围和格局、会标色彩。有无祝酒词、音乐或文艺表演、电视转播、产品发布、接见、会谈、合影、采访、鸡尾酒会等活动的会场与设备要求；台型设计要求。

6）细节要求

汽车入店的行驶路线、停车地点、客人入店专用通道；VIP 客人的红地毯、总经理的门前迎候、服务人员宾客席次表、列队欢迎、礼仪小姐的迎送献花、座位卡、席卡等。

【参考视频】

4．宴会预订方式

1）直接预订

与客户约定见面日期、时间和地点。如客户需参观了解酒店，应事先检查厅室预订情况，避免参观时被占用。保持厅室清洁卫生，将预约上门客人的姓名、约定时间、地点告知相关人员。前台人员能热情欢迎，使客人感受到被欢迎和被重视。把接待信息记录在案，为下一步做好计划。

【参考视频】

2）电话预订

主动介绍宴会标准、宴会场所、特色菜肴。一般宴会不必向客人主动介绍餐厅；高规格宴会则尽可能使用客人喜欢的宴会厅；在宴会预订登记簿上记录信息，最后向客人复述一遍，加以确认。如因标准过低或其他因素而不能接受预订时，应婉转解释并致歉。结束预订时感谢客人。待客人挂机后，方可挂电话。

3）销售预订

注意当地市场变化，了解活动开展情况，收集各种资料信息，建立宴会客史档案，寻找推销机会。特别是那些全国性、地区性、行业性和政府机关的各种会议、大公司、外商机构和高校的庆祝活动、开幕式、周年纪念、产品推广会、年度会议等信息，都是极好的销售机会；上门访问洽谈时，态度和蔼可亲，仪容仪表端庄，运用语言与非语言艺术，讲究沟通技巧，引起顾客的好感与兴趣。签了订单后，保持跟踪联系。对初次预订又不太了解客户，预订后应与客户保持联系，以了解宴会有何变化以防意外。即使最终不能成交，也应分析原因，总结经验，保持合作。

4）信函预订

信函是与客户联络的另一种方式，适合于提前较长时间的预订。收到宾客的询问信时，应立即回复宾客询问的关于在饭店举办宴会、会议、酒会等一切事项，并附上饭店场所、设施介绍和有关的建设性意见。事后还要与客户保持联络，争取说服客人在本饭店举行宴会活动。

与信函预订相类似的预订方式还有传真预订、电子邮件预订、商务预订等，这种预订方式比信函预订的速度快，但此类方式无法进行面对面的双向沟通，因此，预订跟踪服务就显得很重要。如客户的各项要求都已明确，应立即采取同样的来函来电方式回复客户，予以确认；如客户对各项宴会要求未做说明，应电请客户明确具体要求；如客户再次来函来电确认的，应予以办理登记；如不再复告的，则不予确认。

5）中介人代表客人预订

中介人是指专业中介公司或本单位员工。专业公司可与饭店宴会不签订常年合同代为预订，收取一定佣金。本单位职工代为预订适用于饭店比较熟悉的老客户，客户有时会委托饭店工作人员代为预订。

6）指令性预订

指令性预订指政府机关或主管部门在政务交往、外事接待或业务往来中安排宴请活动，而专门向直属宾馆、饭店宴会部发出预订的方式。指令性预订往往具有一定强制性，因而，指令性预订是饭店必须无条件接受和必须周密计划的宴会任务。此事饭店应更多考虑社会效益。

7）网络预订

【参考图文】

网络预订即通过互联网在各大酒店的网站上进行宴会预订，并收发有关宴会的电子邮件。此方式灵活快捷，但受地域限制，也受网络运行速度的影响。

知识链接

客人问询的主要内容

1. 宴会厅(或宴会间)是否有空档。
2. 宴会的菜肴、饮料以及宴会厅的费用。
3. 宴会菜肴的内容。

4. 宴会主办单位提出有关宴会的设想，以及在宴会上安排活动的要求能否得到满足。
5. 宴会厅的规模及各种设备情况，租金收费标准。
6. 中西餐宴会、酒会、茶会等的起点标准费用。
7. 高级宴会人均消费起点标准。
8. 大型宴会消费金额起点标准。
9. 各类宴会的菜单和可变换、递补的菜单。
10. 不同费用可供选用的酒单。
11. 不同费用标准的宴会，饭店所提供的服务规格。
12. 不同费用标准的宴会，饭店可提供的配套服务项目。
13. 中西餐宴会、酒会、茶会等的场地布置环境装饰和台型布置的实例图。
14. 饭店所能提供的所有配套服务项目及设备。
15. 宴会中主要菜点和名酒的介绍及实物彩色照片。
16. 宴会预订定金的收费规定。
17. 提前、推迟、取消预订宴会的有关规定。

3.1.2 宴会预订的确认

承接了可人的宴会预订，并填写宴会预订单后，应在宴会预订控制表上做好记录，且必须经过所涉及的其他部门和主办人的确认后，才能算完成宴会预订整个工作。宴会预订的确认分为暂时性确认和确定性确认。

1. 暂时性宴会预订的确认

宴会预订仅仅填写完宴会预订单而未得到所涉及的其他部门和主办单位或个人的确认的预订，就是暂时性确认。

(1) 客人尚未对宴会做最后决定，仍在询问和了解宴会情况阶段。

(2) 宴会已经确定，而在费用和宴会厅地点上进行比较和选择。

(3) 客人希望的宴会日期或时间因有其他预订，无法最后确定其他日期或时间。

无论是以上的哪一种情况，预订人员有责任帮助客人，尽量排除不利因素的干扰，尽快把宴会预订确认下来。

2. 确定性宴会预订的确认

宴会预订在填写完订单后，如果得到所涉及的部门和主办单位或个人的确认，即是确定性宴会预订。

3. 宴会合同书的签订

宴会活动得到确认，经过协商得到客人认可的菜单、饮料及其他细节的资料，应以确认性的方式迅速送交顾客。在一般情况下，可以将一张“宴会合同”连同要求付订金的通知送交到顾客手中，并请顾客在合约书上签字。如顾客不在本地，应请其在签妥后再邮寄或传真至饭店以示慎重。虽然在预订时，预订员已经记下客户的所有要求，但是客人日后是否会变卦，却是一个潜在的问题，或者饭店不能兑现对顾客的承诺，有了宴会合同后，就是以法定形式对双方行为的约束，以保障顾客与饭店自身的权益。

3.1.3 宴会预订的变更与取消

由于某种原因，已经预订的宴会也可能变更或取消，这种情况是很常见的。宴会变更或取消有两种情形：一种是客人提出变更或取消(此为多数)，另一种是店方提出变更或取消(此为少数)。无论是哪一种原因，宴会预订员应及时做好宴会预订信息变更工作，尽量使饭店或客户的损失减少到最低。

1．宴会预订的更改(表 3-1)

宴会预订的变更只是确定宴会的举办时间提前或延后，或者是其中的某些项目条款的变更，而饭店与客户之间宴会产品的买卖关系依然存在。无论是顾客方面还是酒店方面的任何变动，都要提前一周通知对方。而且，在宴请活动的前两天，必须设法与对方联系，进一步确定已谈妥的所有详情，任何最后一分钟的变动都应迅速通知有关部门。

表 3-1　宴会预订的更改流程

流　　程	规　　范
热情接待	客人对已预订过的宴会或其他活动进行更改时，应热情接待，态度和蔼
认真记录	详细了解客人更改的项目、原因，尽量满足客人要求。认真记录更改内容、处理方法，并向经理汇报以便跟踪措施，争取客源
变更确认	向客人说明有关更改后的处理原则，确认变更信息。向客人表示感谢
检查落实	认真填写更改通知单，并迅速送至有关营业点和生产点，请接收者签字。检查更改内容的落实情况和更改后费用收取等事宜

2．宴会预订的取消(表 3-2)

宴会预订的取消意味着饭店与客户之间宴会产品的买卖关系已不存在。

表 3-2　宴会预订取消流程

流　　程	规　　范
问清原因	接受客人取消预订时，应尽量问清取消预订的原因，并对不能为其服务表示遗憾，希望以后有机会进行合作，这对改进今后的宴会推销工作是非常有帮助的
记录原因	在该宴会预订单上盖上“取消”印，并记下取消预订的日期和要求，取消人的姓名以及接受取消的宴会预订员姓名，然后将该宴会预订单放到规定的地方，并及时通知有关部门
订金处理	在规定时间内，客人因故取消预订，应退回订金；若超过时间，按协议合同订金不予退还
报告领导	取消大型宴会、大型会议预订，应立即向经理及时顾客沟通，对不为其服务表示遗憾，希望以后有机会进行合作
通告信息	如果某暂定的预订被取消，预订人员要填写一份“宴会取消报告”，并通知有关部门

知识链接

宴会表单处理技巧

阅读宴会通知单，首先要确认活动时间、活动内容，如活动是会议还是宴请，以及主办公司的名称和主办人姓名，确认活动所在的区域和人数；其次阅读活动细节，包含台型、需准备的物品，是否需要讲台和舞台等；最后确认价位明细，并且联系客人确保押金到位等事宜。

阅读宴会更改通知单，首先确认更改通知单与原宴会通知单的序号是否相符合。所有宴会更改通知单由宴会销售部发放到各个相关部门，并且务必将宴会更改单和原始宴会单订在一起。

目前，绝大多数饭店已实现了宴会预订信息及有关文件的电子化管理。宴会预订的有关文件格式定型之后，在计算机终端上修改、填写新的内容。制作新的预订、接待计划文件是非常方便、快捷的。利用计算机存储信息还有一个优点，就是便于资料的进一步分类处理、部门沟通和信息的永久储存。在饭店计算机系统中，任何一个部门都可以查看宴会厅目前的预订情况，但只有持有密码的人才可以更改内容。配备计算机系统后，依赖手工进行预订控制的工作已被计算机代替了。

尽管如此，宴会预订人员控制预订的功能并未完全消失。因为纵使客户资料可以全部输入计算机，往来文件仍需要建档保存备查，尤其签约合同仍须在宴会结束后结账时取出，作为计价的依据。所以上述手工处理的文件的建档工作仍然不能省略。

课堂讨论

1．宴会预订由几种方式？这些方式各自有哪些优、缺点？

2．结合案例内容，请填写婚宴宴会预订过程所涉及的全部表单。

案例：刘国民先生与王菲洋小姐与 2014 年 3 月 9 日到 w 饭店预订 10 月 3 日 10 时 58 分举行的婚宴。预计人数时 290 人，客人自带可乐、雪碧、啤酒、白酒，酒店免收开瓶费。每桌消费标准为 1200 元，免收服务费。结账方式是现金。客人要求准备一间客房作做新娘化妆间。饭店赠送三层水果蛋糕一个。婚宴菜式由客人与饭店商定，需准备香槟酒杯塔。在 9 月 2 日刘先生给酒店打电话预计人数变更为 310 人。

客人要求酒店有液晶显示面板、投影仪屏幕、幻灯机及屏幕、DVD 一台、台式麦克风一支、立式麦克风两支、移动麦克风两支、插排两个，主席台上方需挂横幅，有装饰背景布。客人于 10 月 2 日下午 16：00 开始布置婚礼会场，饭店需准备婚礼进行曲和背景音乐。客人在 10 月 3 日上午 8：30 在酒店前雨搭处摆放拱门。每桌摆放一份价值 50 元的鲜花。饭店入口处停车场预留 10 个车位，在地下停车场预留 30 个车位，时间是 10：00～13：30，凭车卡停车免费。参加人员有新郎、新娘的父母、亲戚、单位同事、领导、朋友、同学等。

单元小结

通过本单元的学习，使学生了解宴会预订的方式、宴会预订与服务流程，宴会结束将客户预订立卷建档，做好客户档案。通过这些表单的填写，能更加明确宴会预订、服务各环节的工作任务。

课堂资料

预订特殊事件的处理

1. 多部电话同时响起

原则上是先接外线后接内线，如果同是外线时，先接听先打来的电话；如果同是内线时，分主次接听，示意其他客人请稍等，当接听完一部电话，接另一部电话时，应向客人表示歉意：“对不起，让您久等了。”

2. 有事干扰

当你正在通电话，又碰上客人来访时，原则上，应先招待眼前的客人，此时，应尽快和通话对方打个招呼，得到许可后，再挂电话；但如果电话内容很重要，而不能马上挂断时，应告知来访的客人“请稍等”，然后继续通话，尽量简化通话内容。挂线后及时接待来访客人。

3. 听不清对方声音或听不到声音

当客人来电时，有时会听不清或听不到声音。预订人员应说：“对不起，先生/女士，您的电话听不清或无应答，请您稍候再拨，谢谢，再见。”

4. 预订员在订餐过程中订重房间

订重房间时，预订员一定不能急躁，保持镇定。请客人稍等，表示歉意，承认是因我们的失误造成的。然后在最短的时间内安排好客人去其他房间就餐。如果客人不满意时，应给客人适当的优惠。

5. 客满处理

(1) 到店预订的，应尽量挽留客人，说明情况，对客人表示歉意，示意稍等，并联系集团其他实体帮忙预订；或联系已预订客人有无取消，及时确认。

(2) 电话预订的，可请客人留下联系方式，如有空出的房间及时与客人取得联系。

(3) 若是新客户，递上酒店名片，表明下次再来时，请打预订电话提前预订即可。

考考你

1. 宴会预订岗位的职责和任务是什么？
2. 预订员与客人洽谈宴会时，应注意哪些事项？
3. 在宴会合同书的背书中应提醒客人注意哪些事项？

3.2 宴会营销管理

某酒店一直以高端商务宴会为主打产品，在市内闻名遐迩。随着市场竞争的不断加剧，该酒店附近新开了许多家风格档次类似的酒店，使得该酒店的商务宴会的客源明显减少。该酒店在积极争取商务客源的同时，看准了婚庆市场的潜力和前景。为此，为了吸引更多的年轻人来此订婚宴，该酒店推出了一系列的优惠促销活动，例如：免费提供婚宴请柬和红包、免费为新人主桌进行喜庆布置、免费赠送新人结婚纪念品、免费为新人制作迎客喜牌、赠送五磅结婚蛋糕一个，其优惠措施和促销力度前所未有。准新人们纷纷前来查看场地、了解细节，该酒店的宴会又呈现了另一番欣欣向荣的景象。

◎ 深度学习

3.2.1 宴会营销在宴会经营管理活动中的作用

【参考图文】

1. 有效提高酒店营业收入

随着酒店行业市场竞争的不断加剧，酒店企业之间争夺客源的程度愈加激烈。增加收入、提高宴会销售额，成为各酒店企业思考的重要课题，其中，宴会营销不失为一种行之有效的措施。宴会营销通过广告宣传、人员走访、公共关系、促销推广活动等形式多样、丰富多彩的活动，为销售人员设立任务指标、宴会部门设立经营任务等管理办法，提高了相关部门和人员的工作积极性和紧迫感，促进了宴会销售，提高了酒店的营业收入。

2. 树立酒店形象、提高知名度的良好途径

酒店宴会及营销部门根据全年不同的节日、假日，利用当地的文化及时代发展的流行趋势等，可以设计创作出类型多样、立意新颖的各类主题宴会。这种宴会因其别具一格，不仅受到顾客的欢迎，而且也为当地百姓所津津乐道，这就无形之中提高了酒店的知名度和美誉度。同时，酒店利用宴会推销活动和公共关系活动，通过在举办宴会期间免费为清洁工人提供热水和点心、积极参与当地社会环保活动等，大大提高酒店的社会形象，有助于提高酒店企业的美誉度。

3. 一定程度上降低成本

在餐饮行业普遍进入微利时代的大环境下，宴会营销是有效降低成本、提高企业利润的重要举措。宴会营销活动通过增加销售量和订单量，提高了设施设备和人员的利用率。从长期来讲，可以有效降低固定成本，进而在一定程度上降低了宴会的经营成本，提高了宴会部门乃至整个酒店企业的市场竞争力。

3.2.2 宴会营销活动开展的形式及方法

1. 人员推销

1) 人员推销的类型

人员推销是专职推销人员或宴会部工作人员与顾客或潜在顾客接触、洽谈，为顾客提供宴会产品的相关信息，使顾客购买本店产品的过程。人员推销可以分为专职人员推销和全员推销。

(1) 专职人员推销(图 3-1)是指推销员直接向顾客介绍宴会经营的项目、特点、价格等，根据顾客的需求特点搭配合理的产品组合，是酒店和顾客之间的桥梁。但要求他们必须精通餐饮业务，了解市场行情，熟悉饭店各餐饮设施设备的运转情况，宾客可以从他们那里得到肯定的预订和许诺。推销员不但要尽全力满足顾客需求、为顾客提供便利，还应注重市场信息反馈，维护和树立酒店的良好形象，提高企业的市场竞争力。

图 3-1　酒店的专职推销队伍

(2) 全员推销即饭店所有员工均为现实的或潜在的推销人员。第一层次是由专职人员如营销总监、餐饮销售代理、销售部经理、销售人员等组成的；第二层次由兼职的推销人员构成，如餐饮总监(或餐饮部经理)、宴会部经理、餐厅经理、预订员、迎宾员及服务人员等。

经理们可在每餐前至餐厅门口迎候宾客；餐中巡视，现场解决各种投诉疑难问题；餐毕向宾客们诚恳道谢，并征询宾客对菜点、酒水以及服务的看法和意见；服务人员则通过他们热情礼貌的态度、娴熟高超的服务技巧、恰当得体的语言艺术，向宾客进行有声或无声的推销；第三层次则由各厨师长以及其他人员组成。

2）人员推销的策略

人员推销具有较强的灵活性。它是推销人员与顾客面对面交谈，需要根据推销对象的特点和餐饮产品及服务的特点巧妙地运用推销策略。常用的推销策略有以下三种。

(1) 试探性策略。

试探性策略又称“刺激-反应”策略，即宴会推销人员用试探性的问话等方式刺激顾客做出购买行为。推销人员在不是非常了解顾客需求的情况下，用事先设计好能刺激顾客购买欲望的推销语言，对其进行小心谨慎的试探，认真观察其反应，然后根据反应采取相应的具体推销措施。

(2) 针对性策略。

针对性策略又称“配方-成交”策略，即推销人员用事先准备好的有针对性的话题与顾客交谈，说服顾客，达成交易。这种策略适用于推销人员事先已掌握顾客的基本需求。推销人员在与顾客接触前需要做大量的准备工作，收集相关的、有针对性的材料、信息；熟悉产品满足顾客要求的性能；设计好推销语言和措施。

(3) 诱导性策略。

诱导性策略又称“诱发-满足”策略，即顾客在与推销人员推销交谈之前并没感到或强烈意识到某种需求，宴会推销人员运用能刺激顾客需求的手段或方法激发其潜在的购买需求。这是一种“创造性推销”，需要推销人员有很高的推销技巧。采用这种策略，推销人员要设身处地为顾客着想，这样才更加有利于把产品“推销”给顾客。

知识链接

某酒店的宴会销售方案

一、目的

为了规范宴会销售人员在销售过程中的服务行为，提升其服务水平，特制定本方案。

二、适用范围

本方案适用于酒店所有的宴会销售人员。

三、会前服务

1. 做好宴会促销工作，销售人员应注意以下几个方面的问题。

(1) 了解和熟悉酒店的设备、设施与内部运行程序，具有良好的沟通能力，能够正确地使用酒店授予的权利，灵活地运用谈判技巧。销售洽谈时要有诚意和耐心。

(2) 当客户将本酒店与其他酒店进行比较时，要善于倾听和理解，然后婉转、得体地介绍本酒店的特点和以往成功举行宴会的情况，增进客户对本酒店的了解和信任。

(3) 要极力避免价格成为对方选择的第一条件，多介绍酒店的服务质量和产品特色，让客户感到酒店是把服务放在第一位，盈利放在第二位的。只有在客户相信酒店能提供优质服务的基础上，才有合理的价格可谈。

2. 主动协助宴会的准备与组织，这是销售人员主动提供的延伸服务，主要包括以下两个方面。

(1) 对重要赴宴人员接送、住宿方面的要求以及休闲娱乐活动的安排等，应积极主动地提供参考意见。

(2) 协助宴会组织者周密地做好前期的准备工作，在客户的心目中留下良好的第一印象。

3. 认真落实服务承诺。

(1) 销售洽谈中关于宴会服务的所有安排和要求，均要以“预订书”或“协议书”为准。

(2) 在“预订书”要明确宴会的各项要求，任何修改和调整都必须通过双方协商予以确认。

(3) 对客户的承诺，销售人员必须详细记录，制订具体的《宴会接待计划书》，每项承诺如何兑现、何时完成，均要落实到人。

四、会中服务

1. 宴会期间，营销人员应有专人负责与宴会组织者联络、沟通，及时跟进，确保服务的统一指挥和协调。

2. 负责协调的销售人员要以高度的责任心和组织能力，及时、高效地处理客户随时提出的紧急需求（不能敷衍推诿），以保证宴会的正常进行。

3. 组织各种形式的留念活动。特别是一些大型、重要宴会的参与者，往往会把承办的场所作为个人一次美好经历的见证，酒店应借此机会把工作做到位，比如来宾签到、拍照留念、赠送酒店纪念品，促使参与者成为酒店的潜在客户。

五、会后服务

1. 服务善始善终。宴会结束后，销售人员的服务并没有结束。即使客户撤离，但个别未离开的赴宴者仍是销售人员的服务对象。

2. 重视总结提高。

(1) 每位赴宴者都可能是下次宴会的组织者或决策者。因此，销售人员要注意收集举办本次宴会的相关信息，为下次宴会的承办打下基础。

(2) 把资料归类、分析，整理并存档，从中发现问题、找出原因、总结经验，从而提高宴会的服务质量。

3. 搞好跟踪回访。定期或不定期地向宴会组织者和赴宴者寄送酒店的相关信息和资料，并进行定期销售回访，联络感情，使对方感到自己是酒店的贵宾，从而成为酒店忠诚的客户。

3）人员推销的程序

(1) 寻找顾客。

寻找顾客就是寻找可能购买的潜在顾客。寻找顾客的方法很多，大体可分为两类：其一，推销人员通过个人观察、访问、查阅资料等方法直接寻找；其二，通过广告开拓，或朋友的介绍，或通过社会团体与推销员之间的协作等间接寻找。因推销环境与商品不同，推销人员寻找顾客的方式不尽一致。推销的成功与失败，全在于推销员对推销策略的具体运用。成功的推销员都有其独特的方法。因此，推销人员要有效地寻找顾客，只有在实践中去体会和摸索，寻找一条适合行业、企业和个人的行之有效的办法。

(2) 接近准备。

接近准备即推销人员在接近某一潜在顾客之前进一步了解该顾客情况的过程。它有助于制订推销面谈计划，并开展积极主动的推销活动，保证较高的推销效率。接近准备的方法很多，有观察、朋友或推销伙伴的介绍等。

(3) 接近顾客。

接近顾客指推销人员直接与顾客发生接触，以便成功地转入推销面谈。推销人员在接近顾客时既要自信，注重礼仪，又要不卑不亢，及时消除顾客的疑虑；还要善于控制接近时间，不失时机地转入正式面谈。常见的接近顾客方法有：

① 通过朋友，自我介绍或利用产品接近顾客。

② 利用顾客的虚荣心理，采取搭讪、赞美、求教、聊天等方式接近顾客。

③ 利用顾客的求利心理，采用馈赠或说明某种利益接近顾客。

【参考图文】

(4) 推销面谈。

推销面谈(图 3-2)指推销人员运用各种方法说服顾客购买的过程。推销过程中，面谈是关键环节，而面谈的关键又是说服。

图 3-2 酒店面谈推销

推销说服的策略一般有如下两种。

① 提示说服。通过直接或间接、积极或消极的提示，将顾客的购买欲望与商品联系起来，由此促使顾客做出购买决策。

② 演示说服。通过产品、文字、图片、音响、影视、证明等样品或资料去劝导顾客购买商品。

(5) 处理异议。

顾客异议指顾客针对销售人员提示或演示的商品或劳务提出的反面意见和看法。处理顾客异议是推销面谈的重要组成部分。推销人员必须首先认真分析顾客异议的类型及其主要的根源，然后有针对性地使用处理策略。常用的处理策略有：

① 肯定与否定法。推销人员首先附和对方的意见，承认其见解，然后抓住时机表明自己的看法，否定顾客的异议，说服顾客购买。

② 询问处理法。推销人员通过直接追问顾客，找出异议根源，并做出相应的答复与处理意见。

③ 预防处理法。推销人员为了防止顾客提出异议而主动抢先提出顾客可能异议并解释异议，从而预先解除顾客的疑虑，促成交易。

④ 补偿处理法。推销人员利用顾客异议以外的商品其他优点来补偿或抵消有关异议，从而否定无效异议。

⑤ 延期处理法。推销人员不直接回答顾客异议，而是先通过示范表演，然后加以解答，从而消除顾客异议。

(6) 达成交易。

达成交易是顾客购买的行动过程。推销人员应把握时机，促成顾客的购买行为。达成交易的常用策略有：

① 优点汇集成交法。把顾客最感兴趣的商品优点或从中可得到的利益汇集起来，在推销结束前，将其集中再现，促进购买。

② 假定成交法。假定顾客已准备购买，然后问其所关心的问题，或谈及其使用某商品的计划，以此促进成交。

③ 优惠成交法。通过提供成交保证，如包修包换、定期检查等，克服顾客使用的心理障碍，促成购买。

(7) 跟踪服务。

跟踪服务是指推销人员为已购商品的顾客提供各种售后服务。跟踪服务是人员推销的最后环节，也是新推销工作的起始点。跟踪服务能加深顾客对企业商品的依赖，促使重复购买。同时，通过跟踪服务可获得各种反馈信息，为企业决策提供依据，也为推销员积累了经验，从而为开展新的推销提供广泛有效的途径。

2．广告宣传

广告宣传是指通过购买某种宣传媒介的空间或时间，来向餐饮公众或特定的宴会市场中的潜在的宾客进行推销或者宣传的营销工具，它是宴会部门常用的营销手段。“酒香不怕巷子深”这句古语所存在的局限性，已经被越来越多的人所认识。所以宴会营销中，广告是必不可少的重要手段。

1) 常见的宴会广告的形式

(1) 电视广告。

【参考视频】

其特点是传播速度快，覆盖面广，表现手段丰富多彩，可声像、文字、色彩、动感并用，可谓感染力很强的一种广告形式。但此种方法成本昂贵，制作起来费工费时，同时还受时间、播放频道、储存等因素的限制和影响，信息只能被动地单向沟通。一般晚上七点半至十点半，被认为是广告的最佳时间，但是费用也相当高；而且当现在的商家们正不亦乐乎地争夺“黄金档”“黄金时间”而进行广告大战之时，观众们却由于过多地被动接受视觉上的广告刺激，对产品的期望过高，一旦在现实消费中“按图索骥”之后，却深受某些虚假广告之苦，反而对那些大做广告的餐饮产品产生不信任感；也有的因为不合时宜的或者粗制滥造的广告的插播，引起人们的厌倦和逆反心理，其效果反而与广告的初衷背道而驰。

(2) 电台广告。

它是适于对本地或者周边地区消费群体的一种宴会广告形式。其特点是：成本较低、效率较高、大众性强。一般可以通过热线点播、邀请嘉宾对话、点歌台等形式，来刺激听众参与，从而增强广告效果。但是这种方式同样也存在不少缺陷，例如：传播手段受技术的限制；不具备资料性、可视性；表现手法单一；等等。

(3) 报纸、杂志刊物广告。

这类广告适于做食品节、特别活动、小包价等餐饮广告，也可以登载一些优惠券，让读者剪下来凭券享受餐饮优惠服务。此种方法具有资料性的优点，成本也较低，但是形象性差、传播速度慢、广告范围也较小。

(4) 餐厅内部宣传品。

例如可以印制一些精美的定期宴会活动目录单，介绍本周或本月的各种餐饮娱乐活动；上面有餐厅的种类、级别、位置、电话号码、餐厅餐位数、餐厅服务方式、开餐时间、各式特色菜点的介绍等内容的精美宣传册；特制一些可让宾客带走以作为留念的“迷你菜单”；各种图文并茂、小巧玲珑的“周末香槟午餐”“儿童套餐”等介绍等，将它们放置于餐厅的电梯旁、餐厅的门口，或者前厅服务台等处，供宾客取阅(图 3-3)。

图 3-3　餐厅宣传海报

(5) 电话推销。

电话推销即宴会营销人员与宾客通过电话所进行的双向沟通。这种推销方式只是通过声音进行沟通，所以就需要特别注意运用自己的听觉，要在很短的时间内对宾客的要求、意图、情绪等方面做出大致的了解和判断。在推销自己的宴会产品和服务时力求精确，突出重点，同时准确做好电话记录。对话时语音语调应委婉、悦耳、礼貌，同时不要忘记商定面谈，以及进一步确认的时间、地点等细节，最后向宾客致谢。这种方式局限性较大，一般细节性的内容不易敲定。

(6) 邮寄广告。

邮寄广告即通过将酒店餐厅商业性的信件、宣传小册子、餐厅新闻稿件、明信片等直接邮寄给消费者的广告形式。它比较适合于一些特殊餐饮活动、新产品的推出、新餐厅的开张，以及吸引本地的一些大公司、企事业单位、常驻酒店机构以及老客户等活动。这种方式较为灵活，竞争较少，给人感觉亲切，也便于衡量工作绩效；但是费用较高，且费时费工。

(7) 印刷品、出版物上的广告。

在电话号码本、旅游指南、市区地图、旅游景点门票等处所载登的餐饮及宴会广告。户外广告通过户外的道路指示牌、建筑物、交通工具、灯箱等所做的餐饮广告。如在商业中心区、主要交通路线两旁、车站、码头、机场、广场等行人聚集较多的地带所做的各种霓虹灯牌、灯箱广告、屋顶标牌、墙体广告、布告栏等；高速公路等道路两旁的广告标牌；汽车、火车等交通工具内、外车身上的广告；设置在餐饮设施现场的广告等；甚至包括广告衫、打火机等都可以成为广告的载体。其特点是：费用低、广告持续时间长。这种方式很适合餐饮设施等做形象广告，只是应注意其广告的侧重点应突出餐饮产品的特色，广告载体的地理位置以及形象，应给人以新奇独特的感觉。

(8) 其他广告。

借约广告，即以宴会产品和服务来抵偿债务的一种广告，一般是在广告费用缺乏时所采用的方式；由信用卡公司为客户提供的免费广告；酒店或餐厅门口的告示牌；店内电梯也可成为三面的广告墙；店内餐厅的各种有关食品节、甜品、酒水、最新菜点等信息的帐篷式台卡等；或是通过网络传播渠道，播放酒店的宣传片，提高知名度及影响力。

【参考视频】

2）广告宣传的程序

(1) 确定广告推销的实际效益。

在酒店宴会销售中，约有 75%的生意是顾客自己找上门来的，其他 25%是依靠业务人员进行推销和广告推销得到的。虽然不同的酒店，这个比例可能会不同，但是依靠推销直接获得的宴会生意，应该与酒店宴会销售中所占的份额及其收益相匹配。因为广告推销宴会的成本也不是一笔小数目的开支，特别是传媒广告，做一两次人们没什么印象，连续长时间做，费用会很高。因此，酒店应根据市场调研，通过对本酒店利用广告获得的宴会销售收益的数据统计和分析，来确定需要或是不需要广告推销，需要选择何种媒介，投放多少经费来做广告推销。

(2) 确定宴会广告推销的目标。

宴会广告推销的目标应该与酒店营销目标及餐饮总目标一致。广告目标的不同，广告的主题及其内容也会有区别。特别要强调的是，广告的内容要真实，不能有虚假承诺，不能设销售陷阱让顾客上当。

(3) 凸显酒店的宴会风格和特点。

无论何种形式的广告，都要把酒店要传达的宴会信息作为核心内容，并与其宴会风格和特点融为一体，并且据此撰写广告提纲、脚本和广告词。另外，要凸显酒店的宴会风格和特点，并不是说要高高在上，只着眼于广告的艺术效果，而是要站在群众的立场，从目标顾客的需求出发，使宴会信息成为他们最想得到的，宴会风格和特点也是他们所企求的，而广告的艺术形式正是他们所喜闻乐见的。

(4) 确定宴会广告的预算。

确定宴会广告预算的常用方法如下。

① 销售百分比法。即根据总营业额的一定比例或根据上一年的销售收入及下一年预计的收入来确定一个百分比，作为广告的预算费用。

② 竞争比较法。指为了保护市场占有率而根据竞争对手的广告费用来确定自己餐厅的广告预算费用。

特别值得注意的是，预算费用的多少要根据酒店宴会经营的需要及其实际的经济实力来确定，并不是说花钱越多广告收益就越好，反之则不好。钱要花在刀刃上，即要考虑不同媒介的广告其信息承载量的大小，覆盖的广度、信息传达的深度和准确度、预期效果。只有选准了，钱花得才值得。

(5) 选准承办广告制作的公司。

当确定了广告媒介和广告形式后，要选择有经济实力、社会美誉度高的广告公司来承办。先由广告公司根据酒店的目标、意图来设计样稿、样图和画面，再由广告公司设计陈述，酒店相关领导和人员与相关专家共同会审；通过后，再付诸实施。

(6) 跟踪调查广告推销的效果。

广告播放或散发出去后，要及时进行效果跟踪调查。一是要调查广告的社会影响力，二是要调查并统计广告影响酒店宴会销售的直接效果。根据调查结果，对照预期的广告目标，调查并分析成败的原因，以便调查和谋划更好的广告宣传与推销策略，并取得更好的销售效果。

3．公共关系

宴会营销人员应善于把握时机，捕捉一些酒店举办的具有新闻价值的活动，向媒体提供信息资料，凡酒店接待的重大宴请、新闻发布会、文娱活动、美食节庆等，都应该邀请媒体代表参加。可以事先提供有关信息，也可以用书面通报的形式或自拟新闻稿件的方式进行。一般应由部门有关人员负责稿件的撰写、新闻照片的拍摄等事宜。还可以与电视台、电台、报纸、杂志等媒介联合举办“美容食谱”“节日美食”“七彩生活”“饮食与健康”等小栏目，既可以扩大本酒店在社会上的正面影响，提高本部门或餐厅的声誉，又可以为自己的经营特色、各种销售活动进行宣传。

同时也可以积极参加社会公益活动，如爱心捐助、公益学校赞助、社会环保活动、为环保工人提供热水和点心等活动，回馈社会，树立良好的社会形象，提升酒店及宴会部门在当地人民心目中的形象和地位，也是酒店宴会进行宣传促销的有效手段(图 3-4)。

图 3-4　酒店参与“地球一小时”环保活动

4．营业推广活动

1）优惠促销活动

(1) 折扣优惠。

为了加速客人流动，提高餐台翻台率，利用打卡钟在账单上记录时间，凡用餐时间不超过 15 分钟的客人可享受折扣优惠。此外，还有其他打折优惠的方法：

① 助餐方法，降低价格。

② 宾客九折优惠。

③ 以享受特别优惠价，以吸引更多客人用餐。

④ 取团体优惠制度。

⑤ 每月 19 日，凡是 19 岁的客人享受八折优惠。

⑥ 与附近的商店、公司联合发行优惠券。

【参考视频】

(2) 举办优惠日活动。

为了吸引和稳定客源，可借各种名义酬谢老顾客，定期举办优惠日活动，如每月举行一次食品的免费招待。针对不同节日、不同对象开展优惠活动，如重阳节老年人一律半价优惠。

(3) 优惠时间。

为了调节客人就餐节奏，减少旺、淡忙闲不均的现象，可选择一定的时间段进行优惠促销。如播放歌曲的时候，凡在场的客人均可被奉送某道菜点；预订优惠时段，凡在此段时间光临的客人，可获得免费赠送的调味小菜或饮料等。

(4) 奖品优惠。

法国某著名餐厅，自开业起赠送首次光临的客人编有连续号码的明信片，以便辨认有多少位客人光临。奖品优惠的做法如下。

① 第一位或第一万位光临的客人，免费赠送裱花蛋糕一个及饮料一杯等。

② 账单背面让宾客填上姓名、地址，每月举办公开抽奖赠送活动，趁此机会可以收集宾客的名录。

③ 连锁的餐饮店，可以举办走遍连锁店盖满图章者，可获赠精美礼品的活动。

(5) 招待券。

区别客人结构，制定不同的招待方案，如：

① 宴会厅内设置房地产、股票信息一览表。

② 酒店内设置明星资料档案。

③ 宴会厅布置“征求笔友专栏”等。

(6) 抽奖促销。

抽奖促销通常是酒店对消费额达到一定标准的就餐顾客给予的抽奖机会，通过设立不同等级的奖励，刺激顾客的即时消费行为。抽奖可采用逐级增加奖品贵重程度，同时使抽奖率增加的方式。

(7) 其他优惠。

例如为当天过生日的消费者，免费在当地报纸上刊登生日祝贺词，包括顾客姓名、出生年月等。

2) 节日促销活动

在节假日搞酒店宴会推销，需要将宴会厅装饰起来，烘托节日的气氛。厨房配合宴会厅一般每年都要做自己的促销计划，尤其是节日促销计划，使节日的促销活动生动活泼，富有创意，以取得较好的促销效果。并且酒店管理人员要结合各地区民族风俗的节庆组织推销活动，活动多姿多彩，使顾客感到新鲜。

(1) 春节。

春节是我国具有悠久历史的传统节日，也是让在中国过年的外宾领略中国民族文化的节日。利用这个节日可推出中国传统的饺子宴、汤圆宴、团圆守岁宴等。同时举办各种形式的宴会，伴随着守岁、撞钟、喝春酒、谢神、戏曲表演等活动，丰富春节的活动，用生肖象征动物拜年来渲染宴会气氛。

(2) 元宵节。

农历正月十五，在酒店举办以团圆、元宵为主题的宴会时，可结合我国传统的民间活动进行促销，如猜灯谜、舞狮子、踩高跷、看花灯、扭秧歌等。

(3) 中国情人节。

农历七月初七鹊桥相会，这是一个流传久远的民间故事。将“七夕”进行包装渲染，印刷“七夕”外文故事和鹊桥相会的图片送给客人，再在餐厅扎一座鹊桥，让男女宾客分别从两个门进入餐厅，在鹊桥上相会、摄影，再到餐厅享用情侣套餐，两人一起品尝着诸如彩凤新巢、鸳鸯对虾等菜品，这将别有一番情趣。

(4) 中秋节。

中秋晚会，可在庭院或室内组织人们焚香拜月，临轩赏月，增添古筝、吹箫和民乐演奏等，并推出精美的月饼自助餐，品尝花好月圆、百年好合、鲜菱、藕饼等时令佳肴，共享亲人团聚之乐。

(5) 圣诞节。

【参考视频】

12 月 25 日是西方第一大节日，人们着盛装，互赠礼品，尽情享受节日美餐。在酒店里，一般都布置圣诞树和小鹿，有圣诞老人赠送礼品。这个节日是酒店宴会产品进行推销的大好时机。一般都以圣诞自助餐、套餐的形式来招徕客人，推出圣诞特选菜肴，例如火鸡、圣诞蛋糕、圣诞布丁、碎肉饼等，唱圣诞歌，组织举办化装舞会、抽奖等各种庆祝活动。圣诞活动可持续几天，酒店宴会部门还可用外卖的形式推广圣诞餐，从而扩大销售。

(6) 复活节。

每年春分月圆后的第一个星期日为复活节。复活节可绘制彩蛋出售或赠送，推销复活节巧克力、蛋糕，推广复活节套餐，举行木偶戏表演和当地工艺品展销等活动。

(7) 情人节。

2 月 14 日是西方国家一个浪漫的节日，厨房可设计推出情人节套餐。推销“心”形巧克力，展销各式情人节糕饼。特别设计布置“心”形自助餐台，推广情人节自选食品，也会有较好的促销效果(图 3-5)。

图 3-5　酒店情人节促销活动

西方国家的节日也还有很多，如感恩节、万圣节、开斋节等，它们不但能吸引外国客人，对国内客人也越来越具有吸引力，所以酒店也可以通过这些节日，大量地推广促销自己的菜点。

课堂讨论

1. 分组讨论酒店宴会部采用专职人员进行推销有哪些优、缺点？如何能够促进其他人员的促销热情与积极性？

2. 怎样认识宴会营销活动对酒店的重要性？

3. 你怎样认识在酒店周围发放宣传单进行宣传这种广告效果？

4. 酒店宴会部门进行促销活动时，主要采取哪些形式？各有哪些优、缺点？

5. 选取一个你最喜欢的节日，针对这个节日设计一场主题宴会进行促销宣传。

单元小结

通过本单元的学习，你应该深刻理解宴会营销在酒店经营活动中的重要作用，清楚宴会营销活动开展的主要形式和程序方法。掌握人员推销和广告宣传的主要流程和分类，能够对每种形式的推销方法按照合理的宴会产品进行实际应用，切实提高酒店宴会的销售业绩。

新形势下的宴会节日促销

前几年，只要提起四星、五星级酒店里的餐饮，给人的感觉就是一个字：贵！如今，随着各项政策的出台，这些高星级酒店的餐饮也放下姿态，越来越“亲民”了。以下是武汉市内部分星级酒店羊年团年宴的促销方案。

武汉香格里拉大酒店二楼大宴会厅将在除夕夜，为江城市民呈献羊年吉祥宴、羊年如意宴等年夜饭超值套餐。

十六道“香”味由酒店中餐行政主厨黄武雄师傅及其优秀团队倾力打造，融合了武汉本地特色及粤式经典风味，有阿拉斯加帝王蟹、咖喱大虾球、黑椒牛仔粒、香锅洪湖野鸭煲等招牌菜肴，每桌为 10 人餐。

新年期间，万达威斯汀推出了别致的团年宴菜单。金银蒜粉丝蒸元贝、金蒜一口牛、千岛腌肉饼等一系列餐厅招牌菜式甄选其中，十分适合商务宴请或是家庭聚餐。

其中国元素餐厅主营创新粤菜，滋养炖汤、新鲜海鲜、驰名粤式点心，同时也兼顾鄂菜和川湘菜。每个餐厅包房还设有观江景的超大露台，可以选择在露台开一个餐前派对，也可以在餐后坐下来一边观赏长江美景，一边品尝酒店的招牌茶品。

楚天粤海大酒店楚轩中餐厅，装修高雅时尚。目前，餐厅推出了四款团年宴大餐，分别为洋洋得意春茗宴、三阳开泰春茗宴、喜庆洋洋春茗宴和扬名立万春明宴，都是主打精品湖北菜。酒店现在正在举办靓汤节，共 55 个品种。团年宴菜品会分别搭配这些靓汤，如灵芝墨鱼煲老鸡汤，材料由灵芝、墨鱼、老鸡、党参等食材制成，味道清淡可口，喝完口齿留香。

推出可供 10 人享用的合家团圆宴、迎春接福宴、金玉满堂宴、百福盈门宴、富贵满堂宴共五款团年宴系列。菜式包括餐前拼盘、滋补养生汤、鲜美海鲜、经典本帮菜、地道特色菜、美味糕点等，其中砂锅土鳝鱼、三文鱼刺身、清蒸鲈鱼、砂锅羊肉、冻鲍仔什锦刺身拼、蒜蓉粉丝蒸扇贝、川府沸腾虾、黑椒牛仔骨、古法烧土甲鱼、花旗参炖竹丝鸡等菜式，做法独特，营养滋补，适合春季合家享用。不同消费档次，分别赠送瓜子、花生、可乐、精美红酒、铁观音等，一次性消费达到一定金额，还赠送房券。

考考你

1. 根据自己的理解，简述开展宴会营销活动的必要性。
2. 进行人员推销有何利弊？请详细说明。
3. 宴会企业投放广告的渠道都有哪些？
4. 如何有效利用节假日开展宴会的宣传促销工作？

3.3 宴会成本管理

长春市某酒店的宴会部规模宏大，设施齐备，拥有一批素质优良的厨师团队和管理队伍，其承接的宴会数量、规模和档次在本市赫赫有名。该酒店也以其宴会产品在本市的酒店行业占有重要的地位。然而就是这样的一家以宴会产品为主打的酒店，在年终核算时发现，酒店全年虽然承接宴会数量很多，营业额流水也很高，但最终酒店账户上的盈利数字却少得可怜。这一幕让酒店的高层管理者们陷入了深思……

◎ 深度学习

宴会生产经营的目的是满足顾客的需求，同时获取一定的利润。要达到这个目的，必须对宴会的成本和质量进行控制。宴会成本的控制是增加利润的重要手段。

就饭店餐饮部门的经营而言，宴会厅经营的好坏极大地关系到整个餐饮部门的财务收入。一般较具规模的宴会厅，其营业额经常占餐饮部门营业收入的 1/3～1/2。鉴于宴会在餐饮部门占有举足轻重的地位，一些饭店即使将内部各餐厅都外包给承包商，宴会厅仍会自行经营。由此可知宴会厅在餐饮部营业总收入的占比之重、影响之大，倘若不妥善地对宴会厅经营成本进行合理有效的控制，势必会导致成本大幅增加，甚至可能产生亏损。

【参考图文】

3.3.1 宴会成本的构成特点及控制内容

1. 宴会成本的构成

1）原材料成本

原材料成本是指宴会生产经营活动总食品和饮料产品的销售成本，原材料成本占宴会成本中的比例最高，占宴会收入的比重最大，是宴会部门的主要支出。据测算，我国餐饮原料(食品、饮料)的成本率在45%左右，宴会原料成本率低于普通餐的原料成本率。

2）人工成本

人工成本是指在宴会生产经营活动中耗费人工劳动的货币表现形式。它包括工资、福利费、劳保、服装费和员工费用等。

3）物料用品成本

在宴会厅用餐的顾客，除了要求可口的饭菜和热情周到的服务以外，还需要豪华的设备设施作为一种享受。因此，宴会厅的布置、桌椅、音乐及其他娱乐设施，要投入大量的资金。

4）其他成本

其他成本包括燃料、水电费、易耗品摊销、商品进价和流通费用、管理费等。

原料成本和人工成本在宴会成本中比例都很高，是宴会成本构成中的主要成本，主要成本控制在很大程度上决定了宴会管理能否实现利润目标。因而，应特别重视主要成本的控制。

2. 宴会成本的分类

1）固定成本

固定成本如固定员工的工资、设施设备折旧费等。当产品销售量有较大变化时，成本开支的绝对额一般相对稳定，并不随之增减变动。

2）变动成本

变动成本如食品成本、饮料成本、洗涤费等，均属于变动成本。当产品销售量增加时，其绝对额同方向、成比例地增加；反之，随着销售量的减少，成本发生额便会同方向、成比例地减少。

3）半变动成本

半变动成本如人工总成本、水电费等，它是由固定成本和变动成本两部分组成，随着产品销售量的变动而部分相应变动的成本，它与销售不是成比例发生变动。以人工总成本为例，宴会部员工可分为两类，固定员工和临时工。临时工人的数目不确定，随业务量的变化而变化，导致工资总额随着业务量的变动而变动。因此，人工总成本是半变动成本。

4）可控成本

可控成本是指在短期内可以改变其数额的成本。变动成本一般是可控成本。管理人员若变换每份菜的份额，或在原料的采购、验收、生产等环节加强控制，则食品成本会发生变化。大多数半变动成本、某些固定成本也是可控成本。例如，广告和推销费用、大修理费、管理费等都是可控成本。

5）不可控成本

不可控成本是指在短期内无法改变的成本。固定成本一般是不可控成本。例如折旧和利息等都是无法立即改变数额大小的不可控成本。

3．宴会成本的特点

变动成本和可控成本比重较大。在宴会成本费用中，食品原料等变动成本大，随销售数量的增加而成正比例地增加，除营业费用中的折旧、大修理费、维修费等不可控的费用外，其他大部分费用成本以及食品原料成本都是管理人员能控制的费用。这些成本发生额的多少直接与管理人员对成本控制的好坏相关，并且这些成本和费用占营业收入的很大比例。

1）成本泄露点多

成本泄露点是指宴会经营活动过程中可能造成成本流失的环节。例如，对食品饮料的采购、验收控制不严，或采购的价格过高，数量过多会造成浪费，数量不足则影响销售。采购的原料不能如数入库，采购的原材料质量不好都会导致成本提高。对加工和烹调控制不好会影响食品的质量，还会加大食品饮料的折损和流失量，对加工和烹调的数量计划不好也会造成浪费。餐饮服务不仅关系到顾客的满意程度，也会影响成本率。例如，加强宴会上饮料的推销会降低成本率。因此菜单计划、采购、加工、切配、烹调、服务等环节都有成本泄露的机会，即都可能成为成本泄露点。对任一环节控制不严都会产生成本泄露。

2）环节较多，紧密相连

为了有效地控制宴会成本，避免某一个环节成本控制严格，另一个环节成本流失严重，导致成本并没有得到真正控制的局面，必须对宴会成本进行全面控制，确保企业在盈利的情况下经营，以堵住每一个环节、每一个成本漏洞。

在全面控制宴会成本的同时抓住主要成本因素，即食品原料成本。引起食品原料成本过高的原因主要有两个，即低效率和浪费。例如，存放在食品储藏室内的食品原料会因温度过高而腐烂。饮料会因瓶盖未拧紧而变质，从而成本上升；厨师做了一道不能吃的牛排，也会使成本上升，因为，不能吃的牛排最终是要被扔进垃圾桶，生产的成本增加了，但却未销售出去，未带来相应的收入。由于利润是销售额与成本的差额，成本增加，而销售额却未增加，利润就会减少。因此，宴会管理人员必须采取措施，防止成本增加。

3.3.2 宴会成本控制的方法

1．食品原料成本控制

1）菜单计划

由于食物成本在宴会厅经营成本中占有一定比率，所以适时更换固定标准菜单中因时节替换而导致材料价格上涨的菜品，便成为有效降低食物成本、提高宴会部门赢利能力的方法之一。因此，宴会厅通常根据食品原料出产的季节性，事先设计各式标准菜单，供顾客选择。倘若有更换菜色的必要，仍应在成本范围内进行更换，以有效控制食物成本，避免无谓的浪费。

2）采购

采购部负责采购宴会厅所需要的所有原料。采购要遵守的基本原则是“以尽可能低的价格获得尽可能好的原料”。这句话看似简单，但在实际中，同类产品可能有上百种，你可能认为以最低价采购到某些产品，但实际价格可能更低，再加上市场信息千变万化，这一时做出的最佳决策，可能第二天就无效了。当今，许多原料以成品或半成品的方式出现，乍一看，这些食品原料的价格高于那些未经加工过的，但却可以减少人工成本。

【参考视频】

采购部要遵循的第二条原则是要保证供给。采购不及时，不但会使生产脱节，而且会增加成本，因为紧急采购的价格较高。食品原料具有易腐烂性，采购部应确保采购的质量，以防止用的时候由于腐烂或过于收缩而造成数量不足。为了完成采购任务，采购负责人必须使采购部与销售部保持密切的联系，根据销售数量确定应采购的食品原料类型。还必须从厨房获得信息，以判定何时需要原料，以便在服务之前提供生产所需的原料。最后，采购部还应从仓库获悉存货还有多少，超出的供货应拒绝接受。

【参考视频】

对那些销量不大，却频繁申购的贵重原料，管理者应到库房和厨房进行实际调查后才能决定是否批准。被批准的采购申请，需对各项物品做出预算后方可到财务借款。在预算中，除参考上期和去年同期的价格外，还要考虑批量。如果大量订购，预算价应比零售价低 10%以上。

【参考视频】

3）验收

验收是为了收到所有订购的货物。应设置一定的体系，以保证收到货物的质量与订购要求的质量相同，而没有被质量不同的货物代替。验收时要进行点数、称重等工作，若发现短缺、损坏的货物，要决定是否接收，要求多少折扣，并负责把到货送到安全地点。

4）仓储

食品原料到货后，需要合适的地方存放一段时间，由于食品原料的特殊性，存放时间长短和货物排列的顺序对食品成本都有影响。各种原料分门别类、排列有序(图 3-6)是仓储控制最基本的原则，一切都要便于原料的查找、补充和分发。有的食品库存的时间只有几小时，有的却长达几个月。库存时间的长短和库存所需要的条件因食品原料本身的特点而定。

5）领发料

领发料是从仓库里把原料取出来，其功能是仓库和下一个部门之间的控制。从仓库里出去的东西有些由厨房使用，有些在宴会厅和酒吧使用，但不管到达哪里，都要有表明转移责任的记录，正如从采购部的控制转移到验收部门一样，食品原料从仓库转移到生产部门也必须记录。如果原料是厨房使用，厨师或管理人员就要在交给仓库的领料单上签名；如果宴会厅使用仓库货物，则由服务员或领班签名。

图 3-6　食品原料排列摆放

6）食品生产

食品生产方面的控制，主要是有足够的设备、设施及控制程序，保证生产是以最有效的方式进行的。为进行有效的控制，可指定生产标准，采用标准菜谱。食品生产控制还在于生产的数量符合顾客的需求，菜肴生产过剩会造成浪费，使成本增加。剩余过多，一方面可能是未按正确的生产程序生产，另一方面可能是预测不准确。生产部门还面临为企业员工提供员工餐和合理利用剩头的问题，充分利用所有的食品原料是餐饮企业有效经营的基础。

2．人事费用的控制

由于宴会厅具有淡旺季的差异以及生意量不固定的特点，所以必须对正式员工聘用人数进行严格控制。员工聘用人数的计算方式为：将月平均营业额除以每人每个月的产值，便得出应雇用的正式员工人数。但每人每月的产值仍根据地区性及饭店价值不同而有所差异，例如，与相同员工数的一些饭店相比较，另一些饭店因一般价位较高而具有较高的平均产值。

1）涉及变动成本的职工

这种类型的职工包括宴会服务员、洗碗工、厨师及厨工等。大部分宴会事先都有预约，宴会厅是根据预约准备宴会的，因此宴会都在各日及每日各时段对服务的需求量变化很大。在节假日一般营业量达到高峰期，工作量增加，需要大量的员工来工作。而在非高峰时间，可用较少量的职工来应付营业，显然这类涉及变动成本的职工在高峰期比在低潮期需要配备的人数要多。为适应宴会进行时大量的人力需求，将人事成本减到最低。如果宴会部全部使用正式工，生意清淡也要照付工资，并且正式工享受各种劳保、奖金等待遇，对企业负担较大。宴会厅中有许多工作属非技术或半技术性，可以雇用临时工。事实证明，只要有一些固定员工起核心作用，并对临时工稍加训练，宴会部的经营活动是能够正常进行的，而且不会影响服务质量。但使用临时工要注意以下几点。

(1) 要尽量定时。雇用临时工，可使临时工预先安排好自己的时间，保证宴会厅的人力需要。同时，长期使用一些定时的半职临时工，可使这些临时工积累工作经验、提高服务技术，并使餐厅减招聘费用和人力。

(2) 注意技术培训。尽管雇用临时工的工作一般属半技术性或非技术性，但为了保障服务质量也有必要对他们进行技术培训。

(3) 每天雇用的时间要合适(尽量不要少于 3～4 小时)。由于半职工不是每天上班 8 小时，平均每小时的工资要比全日临时工高些。另外有的饭店实行弹性工作制，宴会部生产忙时，上班人数多；经营清淡的时间可以少安排职工上班。而有的宴会部则实行两班制或多班制，这样分班，岗位上的基本人数就能满足宴会部生产的运转，可以节省人工。为保障宴会部的生产和销售服务质量，正式工的数量不能过少。管理人员应预先估计好数量并安排好临时工，特别是忙季要预先进行安排。

2) 涉及固定成本的职工

涉及固定成本的职工包括宴会部经理、宴会厨房厨师长、收银员等职工，这类职工的需要量与营业量的关系很小。不管营业量多少，宴会部的经理、主厨只有一名。这些职工的班次比较固定。有时营业量增加很大时管理人员可以调整班次或让职工加班。有些宴会部营业量下降很多或者在淡季生意清淡时，在安排涉及固定成本的职工时，管理人员为了精减人员可采用以下方法。

(1) 使用半职工：在淡季工作量较小，许多工作不需要全职工。验收员、会计等雇用退休半职工，这样可以减少人工费用。

(2) 兼职：在淡季各种工作的量较少，有的可由管理人员兼任，一些工作可以合并，例如验收员与库房管理员工作合并，库房管理员可兼职验收工作。

(3) 增加工作负荷：有些工作无法变成半职工作，可以给涉及固定成本职工增加一些变动成本职工的工作，这样可减少雇用涉及变动成本的职工。

知识链接

宁波机器人餐厅，节约成本有妙招

2014 年，宁波一家餐厅使用机器人当服务员的消息不胫而走。餐厅老板叫卢迪钶，1988 年出生，从小就热爱高科技产品。因家里的生意和机电产品相关，初中时他曾动手做了个机器人。他从上海“请”了 6 个机器人，3 大 3 小。最小的跳舞机器人，8000 元一个；迎宾机器人 2 万一个(曾惊吓客人，被停用)；送餐机器人 6 万一个。这六个机器人总价 18 万元。卢迪钶说，他最初的想法是节约用工成本。他算了笔账：送餐机器人 6 万元一个，可以使用五年。平均每年一万二，每天工作 8 小时，只要电费三四元，不用休息，也不用供餐。如果换成一个服务员，年薪就要三四万元。所以使用一个机器人要比请一个服务员省钱多了。再按劳动量来算，50 桌的餐厅一般送餐要 15～16 个服务员，但他只聘了七八个人。少请七八个人，一年省了 20 多万元。而两个送餐机器人价格平摊到一年也就两万四，一年总耗电不到三千元。有了机器人的招牌，这两天餐厅很火爆，每天营业额高达 3 万多元。人手不够，周末只好叫了五六个朋友来帮忙。从前天晚上开始，他只能限量供应，每逢用餐时间，最多供应 20～30 桌，之后就不接客了。“从长远来看，用机器人服务，还是好的。”年底上海的厂家会研发第二代机器人，他准备在另一个餐厅启用，打造机器人主题餐厅，点菜、送菜都用机器人。到时候客人只要在桌子上插卡，就能提供一站式机器人服务。

3．水电、燃料费用与事务费用的控制

宴会厅所使用的灯光、空调等设施都属于大耗电量的设备，水的使用量也不容小视。由这些必然发生的水电费、燃料费等费用可知，宴会厅的营业费用支出十分庞大，倘若不能够有效控制设施使用的花费，便很容易造成财务上无谓的负担。以下就设施使用以及作业要点两个部分，具体说明控制费用的方式。

1）设施使用

(1) 照明。厨房内将白天能利用自然光的区域与其他区域的电源分开，并另设灯光开关，以便控制日夜灯光的开启与关闭。营业现场内的灯光采用分段式开关，分营业时段以及早、晚、夜间清洁、餐前准备工作等不同时段，在电源上标示出来以便操控，并视不同需要分段使用。

宴会厅内的水晶灯应设置独立开关，以方便夜间分区域清洁时，使用其他较省电的照明设备。根据实际经验确定夜间清洁所需的打扫照明，并装置独立开关进行有效控制，以免浪费能源或缩短灯泡使用寿命。

宴会厅后台单位，如办公室、仓库及后勤作业区等，应尽量用日光灯以代替灯泡，节省能源。采用节能灯，也可以节省能源。

(2) 空调。冷气开关应采用分段调节式，以有效达到控温效果并节约能源。例如，在宴会开始前，准备工作时段仅需启动送风功能即可。

(3) 水。预防漏水，尤其需特别注意各设施的衔接处及管道连接部分。公共场所尽量使用脚踏式用水开关。因为自动冲水系统设备在使用前后都会自动感应，比较浪费水，甚至发生错误动作。

【参考图文】

(4) 计量。以各营业部门为单位，加装分表或流量表，以便追踪考核各单位设施使用控制的成效。运用电力供应系统的时间设定功能，自动控制各区域的供电情况，如控制冷气、抽排风、照明系统等设施的供电，切实管制用电。

2）作业要点

(1) 电源。宴会开始前半小时播放音乐，宴会结束后立即关闭。宴会中，客人用电需求大时应由工程部指导客人做配电工作。若顾客提出需提前在半夜进场布置时，仍应按照宴会厅的一般规定，避免开启所有灯具。宴会结束后，应立即关闭冰雕灯或展示用灯电源。宴会结束后应立即进行清理，尽量缩短员工善后工作的时间，以节约用电。

洗碗机应装满盘碟后才启动运转。灯具应定期清理，以提高其照明度。厨房食物尽量采取弹性的集中储存方式，仅运转必要的冷藏、冷冻设备。宴会厨房工作人员需注意冷冻库、冷藏库的温度调节正确与否。无宴会时，勿开启空调。空班时间应确实关闭电源。若无持续使用的需要，应随时拔除电源插头。工程维护人员在非营业时间进行维修工作后，务必关闭电源。

(2) 水。用水时水量应调至中小量，以避免浪费。各场所的清洁工作应避免使用热水，尽量以冷水冲洗。水龙头如有损坏，应尽快通知维修部门。

(3) 煤气。使用煤气时，应留意控制火势，非烹调时段应将火熄灭。使用完毕后，

应确实关闭煤气开关。炉灶上的煤气喷嘴应定时清理，随时保持清洁，确保煤气燃烧完全。

(4) 器皿耗损费用的控制。对造价较高的设备应重点控制，对器具采用个人责任制进行控制。物品的控制应从一点一滴抓起，即不仅依靠有关规章制度的约束和几个管理人员的监督，还要让每一位员工意识到物品的节约与饭店的前途和个人前途的关系，让员工积极主动地节约物品，降低成本。

宴会厅要对新进员工、洗盘员及临时工进行培训，务必使其在实务操作上具备正确认识，以减少不必要的损失。除了相关工作培训外，主管人员可运用收益比例的观念，说明损坏任何器皿需以加倍的宴会生意方能弥补损失的严重性，让每个员工都形成爱惜公物的观念，小心谨慎地处理每一件器皿。至于器皿耗损管理方面，大部分饭店都以盘点时的耗损率为基准，由各单位自行处理；有些宴会厅则列有惩处的办法，视情况予以惩戒；有些甚至公布每一器皿的价钱，以向员工警示。总之，合理的器皿耗损费用控制仍应以充分培训员工并培养员工正确的观念为主，惩戒方式则可视情况而定，并无定论。

4. 管理水平方面的控制

1) 定期进行成本核算

每月食品饮料成本核算。餐饮成本控制应以目标成本为基础，对日常管理中发生的各项成本进行计量、检查、监督和指导，使其成本开支在满足业务活动需要的前提下，不超过事先规定的标准或预算。所以部门应每日做好成本报表工作；每 10 天对毛利率报表进行分析；每月进行食品饮料成本核算，计算出食品成本率、饮料酒水成本率。

召开成本分析会。餐饮部每月召集一次会议，与财务部、餐饮成本控制员、市场部代表一起召开财务分析会。结合当月的经营收入情况和成本支出，以及与以前月度的成本进行对比分析，对于未达到或明显超出毛利率标准的情况，应查找分析原因。

2) 科学评价，全面考核员工

培养全员节能意识。基层管理人员加强巡查力度，风机、空调都根据季节的不同和经营的需要制定开启时间，在燃气和水的使用方面也尽量避免浪费。一些酒店针对能耗控制编写了《能耗控制知识手册》，全员学习，养成习惯，降低能耗。餐饮部还应制定明细的《歇业检查表》，对每日歇业后进行检查，每日应要求工程部抄报能耗，结合当天的营收情况进行对比，发现异常，要马上寻找原因。

建立全面的经济责任考核制度。根据餐饮年度的经营考核指标，对部门总监、行政总厨师进行责任考核。同时各项指标分解到区域和班组，在考核的基础上与经济利益挂钩，做到有奖有罚。

课堂讨论

1. 你认为应该如何更好地处理降低宴会人力成本与提高宴会服务质量之间的矛盾？
2. 简述宴会成本的几种分类和各自的特点。
3. 你是如何理解半变动成本的？
4. 宴会原材料成本控制的关键步骤有哪些？

单元小结

通过本单元的学习，使学生能够深刻理解宴会成本的构成类型，以及每种类型成本的特点。能够从原材料、人工、能源消耗等各个环节采取有效办法和合理措施，对宴会成本进行合理控制，以便能够有效提升宴会企业的盈利水平和竞争力度。

课堂资料

宴会节约成本小妙招

1. 少买、勤买。有经验的厨师都知道自己餐厅正常的客座数。根据这一点，要做到心中有数。每天需要多少原料就采购多少原料。遇到生意特别好的时候，就应多去采购几次。

2. 库存的货尽量用完再进，以免久放变质。

3. 小餐厅的管理者与老板应随时了解市场信息及菜价的变化，对供应商送货进行谈判。

4. 对有些因季节或别的原因影响而容易涨价的原料，可以选择那些较耐储存的原料提前在低价时多采购一些，但一定要保存好。

5. 所有员工，包括老板及其亲属、家人，上菜必须下菜单，后厨要做到不见菜单不上菜。

6. 饭菜打折并不是做生意的最佳手段，所以不能随意打折或打折幅度太大。

7. 有些老顾客经常会要求店方送两道免费菜肴。在这种情况下，可以送两道成本较低且有一定特色的荤素搭配菜肴。

8. 点菜单应注意“精简”。一只鸡可做好几道菜，一条鱼也一样，没有必要把市场上的原料都列上。

9. 对套菜单而言，应注意荤素搭配。个别菜肴的主、辅料搭配也要注意这个问题。有时辅料多一些口感反而更好。

10. 特别贵重的菜可以找些辅料垫底。如生菜或炸好的白粉丝等。也可用一些异形小餐具如鲍鱼、蛤士蟆造型盅。

考考你

1. 宴会成本的构成要素中，哪项成本的比重最大？为什么？
2. 宴会成本有哪些特点？
3. 如何有效控制餐饮企业宴会的成本，以提高企业的盈利水平？

3.4 宴会生产管理

一场婚宴中的“鳜鱼”事件

2009 年 5 月 3 日，某宾馆餐厅来了一对年轻情侣，他们要在餐厅预订结婚酒宴 28 桌，每桌标准为 1280 元，酒店服务热情地接待了他们，并介绍了菜单内容。当客人指定鱼类菜肴要使用“鳜鱼”原料来制作，并交预付款一万元。然而，婚宴过后，宴会主办方找到酒店餐饮部经理提出了问题，他对在婚宴宴席中的菜肴“清蒸鳜鱼”提出了异议，据说有 7 桌客人反映这道菜肴的原料新鲜度不够，要求酒店方做出解释并拿出处理意见。

经理向采购员了解后证实，采购员在购买原料时，由于赶上水产品销售旺季，鲜活“鳜鱼”数量不够，采购员考虑任务紧急，便将不够数量部分以冰鲜原料替代，因此出现了客人提出的问题。了解情况后，经理马上与客户联系，说明情况，诚恳道歉，并就此菜肴进行打折处理，最后取得了客户的谅解。

根据案例请回答下列问题:

(1) 客户对菜品的原料质量提出异议的原因是什么?

(2) 经理通过采用什么解决方法获得客人的谅解?

案例分析：客人指出“清蒸鳜鱼”这道菜不新鲜，酒店经理经过了解后得知，这一情况是由于鲜活鳜鱼的数量不够以冰鲜代替造成的。经理解决此事的方法是及时向客人诚恳道歉，并对此菜肴进行打折处理。

◎ 深度学习

宴会菜品是构成主题宴会的主体，菜品质量的好坏，会直接影响宴会的质量和宴会部的经济效益。因此，必须要对烹饪原料的采购、储存、加工、烹饪等每一个环节加强质量控制。

3.4.1 宴会食品原料的采购管理

在采购食品原料时，必须执行酒店制定的采购制度，如采购标准、采购人员工作准则，订货购货的沟通、票据处理方法，缺货、退货及回扣的处理原则等。保证为宴会提供适当数量的食品原料，保证每种原料的质量符合一定的使用规格和标准，并确保采购价格的最优惠。

1．制定食品烹饪原料采购的质量规格标准

当宴会部根据宾客要求制订了主题宴会菜单后，所需要的原料就非常明确了。烹饪原料的质量是指食品原料是否适用，越适于使用，质量就越高，在采购前首先应根据宴会菜单中的菜品制定食品原料使用的质量标准，内容一般包括：品种、产地、产时、营养指标、分割要求、包装、部位、规格、卫生指标、品牌厂家等，然后就可以制定烹饪原料采购的质量标准，这是保证宴会成品质量最为有效的措施之一。采购员在食品原料采购中必须按既定的采购规格标准，结合自己对食品原料品质检验的经验，进行采购。

2．原料的采购控制

为了确保采购原料符合菜品质量要求的标准，应对每一原料制订采购质量品质的规格和要求，如食品的品种、产地、产时、品牌、分割要求、包装、部位、规格、营养指标、卫生指标及新鲜度等，做到所有采购的原材料其形状、色泽、水分、质量、质地、气味、成熟度、食用价值等均符合宴会的菜品要求，凡已腐败变质、受污染或本身带有致病菌或含有毒素、过期、变味的原料禁止用于宴会菜品中。

【参考视频】

3．确定适宜的采购方式

采购方式主要有竞争价格采购。定点采购、招标采购、预先采购、联合采购等。酒店应根据自身业务要求，结合市场的实际情况，选择最佳的采购方式。

4．确定质量稳定的原料采购渠道

负责酒店食物和其他物品采购的采购员应当只向声誉好的供应商采购，采购的食物必须经过国家相应的食品机构检验和认证，还应看供应商的设施，以保证食物在加工、包装、存放和运输过程中没有受到污染并且没有变质。

5．做好采购数量的控制

餐饮原料的采购数量应根据客源情况和库存量的变化而不断进行调整，应处理好采购量与库存的关系，在保证酒店餐饮营业需要的前提下，控制库存数量和库存时间，提高采购原料的使用效率。

6．严格控制采购价格

餐饮原料品种多，采购频繁，市场价格波动大，价格很难标准化，这给采购工作及采购价格管理都提出了很大的难题。酒店在实际采购中一般可采用最低报价法、多数最低价法和集中采购法等方法来降低采购价格。

7．原料的运输控制

【参考视频】

食品原材料在采购运输过程中，要做到生、熟分开存放；有些易变质的原材料应用冷藏车运输，或尽量缩短运输时间，保证不变味、不变质；对一些鲜活原材料，要保证空气流通，水产原材料要给水充氧，确保成活率；对一些装运原材料的运输车、箱

及容器每次重刷消毒，防止交叉污染。保证食品原料在运输过程中不变质、不变味、不污染。

3.4.2 宴会食品原料的验收与储存管理

1．宴会食品原料的验收

宴会食品原料验收主要涉及数量验收、质量验收和价格验收三方面。

1）数量验收

验收人员对食品原料进行验收时，首先要检查发送原料的数量与订购单和账单上的数量是否相符。仓库管理员要根据采购单确定的项目进行验收。凡未办理订购手续的货品不予核收。

对于带外包装及商标的货物，在包装上已注明重量的，要仔细点数，必要时还应抽样称重。对于按件计数的原料，应抽查包装内的件数是否与标定件数相符。无包装的货物均应过称。在数量验收过程中通常会出现短缺现象，但有时也会出现现实数量超过订购数量的时候。如出现数量短缺情况时，要明确责任，如果是供货方未给足数量，就要设法与供货方取得联系，补足数量，如发生非正常盈余，应以退货或补交货款为宜。

2）质量验收

控制所购原料的质量，是验收的另一项重要任务，验收人员要防止质量不符合要求的情况出现。在验收时，应查看是否有破损或有孔的容器，食物是否发霉，颜色和气味是否有变化，是否有虫咬的迹象，冷冻食品是否融化，运输车上是否有昆虫活动迹象，温度控制是否正确等。

验收人员还要检查实物原料的质量和规格是否与采购规格标准一致。当购进数量较大时，一般对质量的检查只能采取抽样的方法。

3）价格验收

价格直接体现为企业的经营成本。在酒店的原料采购中，由于进货渠道的特殊性，价格控制比较困难。在进行价格验收时，验收人员要认真检查账单上的价格与订货单上的价格是否一致。采用实际用量采购法的企业，还要将采购价格与供应商报价进行比较，这样既可以防止供应商临时提价，也可以防止采购员作弊。核验货品的名称、型号、规格、数量、质量必须与发票相符，如果由于某些原因，发票未随货物一起送到，可开具备忘清单，注明实收数量，并在正式发票送到前作为凭据。控制采购价格，多渠道问价、比价、议价，向生产厂家直接以优惠价采购，灵活掌握地区差价和季节差价。

验收完毕后，应在送货发票上签字，填写验收单。验收单一式 4 份，一份交库存记账，一份交成本会计，一份交采购员，一份自存留底。

2．宴会食品材料的储存管理

加强储存管理的重点是改善储存设施和条件，做好物品的分类，将其按类别储存于食品库房、酒类饮料库存和非食用原材料库房。同时，还应合理做好库存物资的安排，掌握科学的存放方法，加强库存的安全和卫生清洁工作，使库房符合消防、公安、卫生防疫部门的要求。

此外，还用保持库房的温度、湿度、照明、通风符合各类食品储存的要求。做好原材料定期盘存，掌握合理库存量。

1) 干货的储存

食物存放区要保持清洁、照明良好及适当的温度(60～70℉)和湿度(50%～60%)。食物与地板和墙的距离至少应有12cm。确保所有的罐装和干货外包装上附有标签以免拿错，如需更换容器时，更要注意。为了防止可能出现的泄漏，不要把食物存放在污水管道上面，应使用不锈钢架子存放食物。

2) 冷藏和冷冻食物储存

冷藏会减慢细菌生长的速度，并会延长其潜伏期，所以生食物远离熟食存放而不是放在其上面，冷藏室应足够大，食物距离冷藏室底面和四壁分别留有 15cm 和 5cm 的距离，以保证空气流通。要将肉、鱼、奶制品放在温度最低的部位。要经常检查温度并遵循预防维护程序，以保证冷藏设备正常运转。应用塑料包装或覆盖食物以防脱水和串味。避免使用铝箔包装。合理的库存量可以最大限度地减少原料或资金的积压，降低食品原料的储存费用，同时也可以降低食品原料的无谓损耗，确保食品原料的品质，并能提高资金的周转率。

此外，还应建立原材料储存记录制度，标明各种货物的编号、名称、入库日期等有关信息。确保货物的循环使用执行“先进先出”的原则。对滞压货物要进行报告，请厨师长及时使用。做好原材料的领发工作，填写好有关报表。

3.4.3 宴会菜谱制定烹调管理

1. 制定和使用标准菜谱

【参考视频】

这里我们仅从质量控制的角度来谈标准菜谱。首先，标准菜谱规定了烹制菜肴所需的主料、配料、调味品及其用量，因而能限制厨师烹制菜肴时在投料量方面的随意性；同时，标准菜谱规定了菜肴的烹调方法，操作步骤及装盘样式，对厨师的整个操作过程也能起到制约作用。因此，标准菜谱实际上是一种质量标准，是实施餐饮实物成品质量控制的有效工具。厨师只要按标准菜谱的规定操作，就能保证菜肴在成品色、香、味、形等方面质量的一致性。

知识链接

标准菜谱要求

1. 食品原料加工的质量要求

原料加工是宴会实物产品质量控制的关键环节，对菜肴的色、香、味、形起着决定性的作用，因此，宴会部在抓好食品原料采购质量管理的同时，必须对原料的加工质量进行控制。

绝大多数食品原料必须在粗加工过程中遵循三个原则：保证原料的清洁卫生，使其符合卫生要求；加工方法得当，保持原料的营养成分，减少营养损失；按照菜式要求加工，科学、合理地使用原料。

2. 冷冻原料的加工质量要求

一般情况下，宴会厨房采用的是大宗的冷冻食品原料，冷冻原料在加工前必须经过解冻处理，要保证解冻后的原料能够恢复新鲜，软嫩的状态，尽量减少汁液流失，保持风味和营养。

3. 鲜活原料加工的质量要求

常见的鲜活、鲜货原料包括蔬菜类原料、水产品原料、水产活养原料、肉类原料、禽类原料等。各种鲜活原料在烹制过程前必须进行加工处理。不同品种的原料，其加工的质量要求也不相同，如鱼类加工的质量要求是：除尽污秽杂物，去鳞则去尽，整体则要完整无损；放尽血液，除去鳃部及内脏杂物，淡水鱼的鱼胆不要弄破；根据品种和加工与用途加工，洗净控干水分，一定要现加工现用，不宜久放。

4. 加工出净料的质量要求

在加工食品原料的过程中，能出多少可以使用的净料，通常用净料率表示。当然，净料本身的质量也必须保证，如形态完整，清洁卫生等。食品原料净料率越高，原料的利用率就越高，反之，就越低，而菜肴单位成本也会加大。饭店可根据具体情况测试，然后确定净料率标准。除了净料率，对净料的质量也要严加控制。如果净料率很高，但外形不完整，破碎不能使用，也很会降低利用率。例如，烹制菜肴需要整扇的鱼肉，结果剔出的鱼肉不完整，就不符合烹调的要求。因此，为了保证加工原料的净料率和净料质量，应严格检查，加强教育，对食品原料的加工质量严加控制。

5. 食品原料的配份

将食品原料按照种类、数量、规格选配成标准的分量，使之成为一道完整的菜肴，为烹饪制作做好准备。配份阶段是决定每份菜肴的用料及其相应成本的关键阶段。配份不稳定，不仅会影响菜肴的质量，而且还会影响酒店的社会效益和经济效益。

2. 食品烹调过程的管理

烹调是宴会生产实物产品的最后一个阶段，是确定菜肴色泽、口味、形态、质地的关键环节。它直接关系着宴会产品实物质量的最后形成，因此，烹调阶段是宴会质量控制不可忽视的阶段。食品烹调阶段的质量控制主要采取如下方法。

1）严格烹调质量检查

建立菜肴质量检查制度，如果发现不合格，应及时返工，以免影响成品质量。对于厨房生产管理，在建立标准化生产的基础上，必须制定一套与之相适应的质量监督与检查的标准，科学合理地选取监督与检查的点(作业环节)，确定每个检查点的质量内容和质量标准，以使监督与检查的过程有据可依，避免质量检查中的随意性。

2）厨师必须按标准菜谱规定的程序进行操作

应要求厨师在烹调过程中，按标准菜谱规定的操作程序烹制，按规定的调料比例投放调味料，不可随心所欲，任意发挥。还应掌握烹制的数量、成品效果、出品速度、成菜温度。尽管在烹制某道菜肴时，不同的厨师有不同的做法，或各有“绝招”，但是要保证整个厨房菜品质量的一致性，只能统一按标准菜谱执行。另外，控制菜肴的烹制量，也是保证出品质量的有效措施。

3）菜品烹调的质量控制

除了要求员工严格遵守烹调操作规则，按标准菜单进行烹调，并加强质量检查外，还必须加强对员工的业务技术培训，对一些新菜品、新规则及时培训，使每一位烹调工作者都要知道每个菜品的操作关键和要求。事实证明，菜品质量的高低，取决于烹调者的技术水平、工作责任心及工作经验。只有不断地加强对员工的培训，提高他们的烹调操作水平和工作责任心，才能从根本上保证菜品的质量。

3．建立自觉有效的质量检查与监督体系

生产技术标准的制定仅仅是厨房生产实施标准管理的一个重要方面，生产技术标准的有效实施，还有待于厨房管理者对厨房生产过程的标准化管理，因此，各企业还应根据自己厨房的管理特征，制定相应的管理标准。厨房生产管理标准的主要内容是建立标准化监督体系。

目前，在厨房生产中最有效的自觉质量监督，是在厨房中强化“内部顾客”意识与出品质量经济责任制同时并举。

1）强化“内部顾客”意识

“内部顾客”意识是指按照餐饮企业最新的管理理念，把企业的员工看成内部客人，管理人员是否能够为内部客人创造一个良好的工作环境与氛围，是非常重要的因素。同时，员工与员工之间也是客户关系，即下一个生产岗位就是上一个生产岗位的客户，或者说上一个生产岗位就是下一个生产岗位的供应商。如果在厨房的生产过程中能够建立这样的一种“客户关系”，对于自觉地提高产品质量将有重大的意义。试想，初加工岗位对于切配岗位来说，就是供应商，如果初加工岗位所加工的原料不符合规定的质量标准，切配岗位的厨师就会拒绝接受，其他岗位之间可以依此类推。这样一来，每一个生产环节都可以把不合格的“产品”拒之门外，从而在很大程度上保证菜肴的质量。

2）质量经济责任制

这项制度将菜品质量的好坏、优劣与厨师的报酬直接联系在一起，以加强厨师在菜品加工过程中的责任心。例如，在厨房生产中，对于“内部”客户和“外部”客户提出的不合格品一一进行记录，并追究责任的责任，责任人除了要协助管理人员纠正不合格的质量问题外，还要接受一定的经济处罚，或者直接与当月的工作报酬挂钩，这样就可以有效降低不合格菜肴和面点的数量，从而确保就餐客人的满意度。如有的厨房规定，大厨如有被客人退回的不合格菜品，要按照该菜肴的销价买单，还要接受等量款额的处罚，当月的考核成绩也要受到影响。如此一来，每个岗位的厨师在工作中都会认真负责，从而有效减少工作中的失误、差错和不合格的产品，大大提高菜品的出品质量。

知识链接

烹饪与菜肴

人类与动物相区别的一点是前者喜爱熟食。而且，人类还希望食物味美香溢，非常诱人，以满足自己的美食欲望。所以，但凡世界名菜，都是色味俱全——菜的颜色和质地与味道一样重要。

世界公认的三大国菜是法国菜、印度菜和中国菜。法国烹调在欧洲享有盛誉，被认为是最

出色的。法国菜使用黄油、乳酪和奶油，是所有著名国菜中的典型代表：它把简单和精细相结合，利用本国的本土资源，尽显地方特色，成了真正的国际名菜。

这三大菜肴都有自己的重要特色。法国菜，若省去黄油、乳酪和奶油这些配料，便破坏了该菜肴的全部特色。同样，法国厨师本能地会在烧菜时加葡萄酒，就像中国厨师天生会用酱油一样。印度菜以使用香料而闻名。中国则以制作世界上最可口的主食而成为第三种菜系。当然，这三种菜系都有这样或那样的共同特色。法国菜也有几样有名的主食值得夸耀。在印度，有的地区烧菜也用黄油。中国菜系中的四川菜，以其麻辣味而闻名。但是，它们确实各有各的显著特点，因而被分成三大菜系。依据各自不同的主要特色，在人类历史上长期发展，持续至今。

课堂讨论

1．阅读案例，分析导致客人产生不满情绪的主观和客观原因。

一位富商举办宴会，请几位宾客共进晚餐。服务员端鱼翅羹上桌，每人一份。主人吃了一口后，大表不满：“我吃过上百次鱼翅了，你们的鱼翅做得不好，僵硬、不爽口。去问问你们厨师怎么做的！经过询问后，证实由于接待任务紧急，鱼翅泡发时间略短，但还是合乎菜品成品要求的。在向客人说明情况后，取得了客人的谅解。

2．阅读案例，说明保管员下一步应该怎样保管鲜活原料？

2012 年 9 月 28 日，本市一家宾馆餐厅采购员去海鲜市场购买海鲜原料，按照购买清单分别购买了鱼、虾、蟹、海螺、皮皮虾等鲜活海鲜原料。回到饭店后，采购员和保管员按照常规进行交货验收，保管员在验收时发现“皮皮虾”分量不够，10 公斤少了 0.4 公斤，于是马上和采购员进行沟通询问，采购员说“卖皮皮虾的商家是多年合作的单位，称量时自己也在场监督，而且多称 0.25 公斤，不可能出现缺斤短两的现象。”突然，采购员拍下脑袋说“皮皮虾是鲜活的，是在活养的情况下从水里捞出来的，缺少的分量应该是水分析出。保管员马上回答：“我明白了，马上入库，保管起来。”

单元小结

学习本单元的内容，使学生了解菜品在加工过程中质量控制的重要性，能够按照采购流程进行操作，掌握验收和保管不同原料的方法，能够编制验收规格书，对原料进行科学统筹和合理保管。

烹　调

烹调是通过加热和调制，将加工、切配好的烹饪原料熟制成菜肴的操作过程，其包含两个主要内容：一个是烹，另一个是调。烹就是加热，通过加热的方法将烹饪原料制成菜肴；调就是调味，通过调制，使菜肴滋味可口，色泽诱人，形态美观。

《新唐书·后妃传上·韦皇后》："光禄少卿杨均，善烹调。"宋朝陆游《种菜》诗："菜把青青问药苗，豉香盐白自烹调。"《孽海花》第三三回："郑姑姑召集了她的心腹女门徒，有替她裁缝的，有替她烹调的，有替她奔走的。"冰心《张嫂》："老太太自己烹调，饭菜十分可口。"

烹调二字连在一起的意思是：将食物加热，同时加入不同的调味料，使食物原料变成成品，变成人们喜爱的菜肴及各种食品。

烹调是指将可食用的动植物、菌类等原料进行粗细加工、热处理及科学地投放调味品等烹制菜肴的过程。

烹调有许多方法，最常用的有炸、煮、炒、煎、煨、炖及烤等；调味料种类繁多，由于各地饮食习惯不同，所用调味料也不一样。大家习惯用的有葱、蒜、姜、酒、糖、油、盐、酱油、醋、淀粉、八角、花椒、胡椒及味精等。

不同的烹调方法，加入不同的调味料，即使是同一种菜也可做出不同的味道来。

考考你

1. 简述原料采购程序包括的步骤。
2. 原料验收需要从哪些方面进行?
3. 了解各种菜品原料的应用季节和采购价格。熟悉干货、海鲜、鲜货原料的烹饪要求。请酒店厨师长带领学生参观酒店的生鲜食品原料，讲解最常见宴会菜品的加工工艺流程。搜集中式婚宴常见大菜的原料、加工方法，写出调研报告(600 字以上)。

3.5 宴会质量管理

有一对年轻人，在当地一家新建的四星级酒店举办结婚宴会，宴会菜单在一周前与酒店宴会预订部进一步确定，甲、乙双方都认可签字，宴会共 30 桌，结婚那天亲朋好友都前来参宴祝贺。那天饭店生意特别好，各个餐厅都爆满，光结婚宴会就有三批，再加上十几桌商务宴、零点客人，搞得餐饮部厨师、服务员非常忙碌。在开宴出菜的时候，由于服务员与厨师沟通有问题，出菜的程序发生了混乱，把"张三"婚宴菜肴端到"李四"家宴会桌上，造成"张三"家意见很大.后来经过饭店领导协调，饭店只好给"张三"家补偿一个菜。尽管如此，

“张三”家还是不满意，拖延了婚宴的时间，影响了就餐的情绪，也给饭店造成一定的经济损失和不好的影响。本节就这一事件一起来探讨一下，为了使宴会在运作过程中确保质量，达到客人满意，应该抓好哪几方面的工作?

◎ 深度学习

3.5.1 宴会质量管理的控制程序

【参考视频】

【参考视频】

宴会运作中质量管理的控制，就是餐饮企业在为顾客举办宴会服务过程中，必须提供符合顾客质量要求的宴会产品，而在宴会生产经营与服务过程中，依照设定的质量标准进行监督、检查、分析、调整，使宴会正常运作，而达到原定目标的一项行动。

宴会运作中的质量控制范围，主要包括宴会点菜制作过程中的质量控制及宴会服务过程中的质量控制等。常见的质量控制的程序可分为三个阶段。

1．宴会运作前的质量控制

宴会运作前的质量控制是最为有效的手段之一，一般根据宴会举办的时间、规模、档次等要求，制定一整套的质量控制标准，如精心设计好宴会标准菜单、制定出宴会所用原料的标准采购计划、确定宴会的菜肴制作质量标准及服务质量标准等。通过宴会运作前的质量控制，使每个员工知道宴会每一个环节的质量标准，确保宴会质量万无一失。

2．宴会运作中的质量控制

宴会在运作过程中的质量控制，是保证宴会质量的重要环节。在烹调原料的采购、验收、保管、加工、烹调、装盘及服务过程中，都要严格按质量标准操作进行。要达到宴会的质量标准要求，必须分工负责，责任到人，加强检查与监督，发现问题及时纠正。对一些重点宴请、重大宴会活动，更要注意质量控制，通过对宴会生产及服务质量检查与考核，找出影响产品质量因素的主要原因，并采取措施，加强控制，从而提高工作效率和服务质量。

3．宴会运作后的质量控制

宴会运作后的质量控制，是确保宴会质量良性循环的重要途径。宴会运作后，要认真收集、整理各种反馈信息，尤其对宴会质量的评价，需进行科学、客观的分析，找出问题的原因，采取措施，及时纠正失误，避免在下一次宴会运作中再犯同样的错误。所以，我们必须在原材料采购、加工、烹调过程中，深入了解原料的品质是否符合宴会菜品的质量要求，哪些是必须要求改正的，哪些是要发扬的，为下一次宴会运作提供经验和教训，保证宴会质量符合设计及客人的需求。

3.5.2 宴会服务质量的控制措施

宴会服务质量的控制，主要从宴会厅的环境卫生、服务规范等几方面加强管理，制定各种质量标准，进行检查与监督；做好培训工作，具体采取如下措施。

1．制定宴会厅环境质量标准

宴会厅内、外环境的好坏，直接影响到客人的用餐情绪，所以，我们必须制定出一整套的环境质量标准，营造良好的就餐环境，满足客人身心的需求。

1）宴会厅外环境质量标准

【参考视频】

宴会厅外环境又称门面环境，一般指餐厅周围、门窗、玻璃、盆景等设施，要求宴会厅的门面宽大，选用耐磨、防裂、抗震的耐用玻璃门或旋转门，装饰美观大方、舒适典雅；门前各种中英文标识牌、有关文字等内容书写正确、整齐、美观，宴会厅窗户宽大、光洁、明亮、自然采光充足，装饰窗帘或幕帘设计美观，门窗遮阳、保温效果良好，防虫蝇、防噪声、开启方便自如；进门处各种装饰品、盆景、衣帽架等要美观、优雅、给人赏心悦目之感。

2）宴会厅内环境质量标准

【参考视频】

宴会厅内环境应与宴会厅的类型、菜品风味和宴会厅等级规格相适应，天花板、地面、墙面、灯具、空气质量等要符合质量标准的要求。如天花板应选用耐用、防污、反光、吸音材料，安装坚固，装饰美观大方，无开裂脱皮、脱落、水印等现象；地面选用的装饰材料要与酒店星级标准相适应，无论选用大理石，还是选用木质地板、地砖、水磨石或地毡装饰，都要防污，清洁卫生，地毯要铺得平整，图案、色形简洁明快，柔软耐磨，有舒适感；墙面选用的涂料或墙纸，必须是环保无异味、耐用、防刮损的装饰材料，易于整理与保洁；如墙面挂有字画、大型壁画装饰，安装位置与画面内容相符合，坚固、美观，尺寸与装饰效果同宴会厅的档次、色彩、规格相适应，不可有破损、歪斜、不洁等现象；宴会厅各种顶灯、射灯、壁灯的造型美观高雅，安装的位置合理，要突出宴会厅不同风格的灯光效果，各种服务区域的灯光光源充足，灯光照度不低于50Lx，光线要稳定、柔和、自然，灯光可分级自由调节强弱，灯具安装要安全，便于维修、清洁。宴会厅的空气质量、温度、湿度、噪声等要符合人体生理要求，如空气中一氧化碳含量不超过 $500mg/m^3$，二氧化碳含量不超过 0.1%，可吸入颗粒物不超过 $0.1mg/m^3$；新风量不低于 $200m^3$/(人·每小时)，用餐高峰期不低于 $180m^3$/(人·每小时)；宴会的温度，冬季不低于 18～20℃，夏季不高于 22～24℃，用餐高峰客人较多时不超过 24～26℃；相对湿度 40%～60%；风速 0.1～0.4m/s；宴会厅噪声不超过 50 分贝；细菌总数不超过 3000 个/m^3。

2．制定宴会厅设备设施质量标准

宴会厅设备设施主要包括冷暖设备、安全、通信设备、服务设施等，要保证各种设备、设施正常运作，必须制定一定的质量标准。

1）冷暖设备质量标准

宴会厅无论采用中央空调或挂壁式空调等设备，安装必须合理，表面光洁，风口美观，开启自如，性能良好，室温可随意调节，通风良好，换气量不低于 $30m^3$/(人·每小时)，空气始终保持新鲜，冷暖设备发出的噪声必须低于 40 分贝。

2）安全、通信设备质量标准

宴会厅各种安全设施必须齐全，性能良好，如宴会厅顶壁内必须设有烟感器和自动喷淋灭火器装置，并设有紧急出口及灯光显示，安全设施与器材健全，始终处于正常状态，符合安全消防标准，给客人一种安全感；宴会通信设备畅通，配有紧急呼叫系统、音响系统、通信系统、接收系统等设备，要求音响、呼叫声音清晰、无杂音，使用方便。

3）服务设施质量标准

宴会厅的大小、风格、高中低档次配套合理，能够满足不同顾客的消费需求，宴会厅离厨房的距离不宜太远，最多距离不得超过 50m，每个宴会厅座位数要根据各宴会厅的面积大小来确定，每个座位面积不低于 1.6～$1.8m^2$，豪华宴会厅还需要配备客人休息室，设沙发、座椅、茶几，布置要美观舒适，配设有不小于 29 英寸的电视机，有的还应有钢琴及演奏台、衣架、植物盆栽或盆景。宴会厅餐桌、椅数量、式样、造型、高度要与宴会厅的风格、接待对象相适应，并备有一定量的儿童座椅，备餐间(传菜间)橱柜、碗柜、托盘、餐具等设备用品齐全，保证备餐、上菜的需要。厨房与宴会厅之间设隔墙防油烟装置。宴会厅内或附近设有公共卫生间、洗手间，设施齐全，性能良好，有专人负责保洁打扫，并为客人提供卫生间的规范服务，始终保持卫生间无异味、无蚊蝇、清洁干净，使客人方便舒适。各种设备设施与宴会档次、风格相配套，布局合理、美观、典雅大方，要制定维修维护制度，一旦损坏或发生故障应及时维修，保证设备设施完好率达到 100%，确保宴会餐厅的正常运行。

3．制定宴会厅用品的质量标准

宴会厅用品质量的好坏会直接影响到服务质量，所以必须对饮食用具、服务用具、易耗品及清洁品制定质量标准。

1）饮食用具的质量标准

宴会厅饮食用具主要指各种餐具、茶具、酒具等，各种饮食用具的品质配备应与宴会厅的档次、等级、接待对象及宴会厅的风格相配套，其数量以餐桌和座位数为基础，一般宴会厅每一座位不少于 3 套，高档次宴会厅不少于 4～5 套，主要满足洗涤、周转需要，各种瓷器、银器、不锈钢、玻璃制品、漆器等不同品质的饮食用具，应种类齐全，规格型号尽量统一，不可有缺口、缺边、破损、变形、污垢等现象，贵重饮食用具要专人洗涤、专人保管，发现有破损现象，应及时更换，不可再上桌使用。

2）服务用品的质量标准

宴会厅的服务用品主要指各种台布、口布、调味架、托盘、茶壶、开瓶器等各类服务用品。服务用品的品质要与宴会厅的档次、风格、豪华程度相适应，用品配备齐全，要配套、数量充足，有专人负责，统一管理，供给及时，领用方便，发现台布、口布有破损、污染物无法洗净的，要及时更换。托盘要干净防滑，调味架要天天清洗，更换调味品，保持整洁，各种服务用品要分类存放，加强管理，制定管理制度，保证质量。

3）客用易耗品的质量标准

宴会厅客用易耗品主要指酒精、固体燃料、鲜花、蜡烛、餐巾纸、牙签等客人使用的各种用餐所需的消耗物品。这些易耗品应专人保管，按需配备，防止进货太多，保管不妥，产生受潮、发霉、虫蛀等现象。一旦发现有质量问题，立即禁止使用，及时更换，保证客人使用安全、方便，满足其用餐需求。

4）清洁用品的质量标准

宴会厅清洁用品有各种清洁剂，餐具洗涤用品，除尘、除污毛巾，擦手毛巾等，各种清洁剂及清洁工具应配备齐全，分类存放，专人保管，不可有混合、挪用等现象发生。对一些高档餐具，如银器、铜器、不锈钢等器具，要用专用清洁剂及工具清洁，并指定有经验的专业人员定期洗涤，防止污痕、褪色、斑点等现象的发生。对一些有毒、有严重气味的清洁剂及洗涤工具，专人保管，防止交叉污染食品和宴会厅的空气环境。

4．制定宴会服务的质量标准

【参考视频】

宴会服务质量的好坏除宴会厅的环境、设备设施、用品质量外，主要取决于服务质量标准的高低，包括在宴会服务过程中，服务人员的仪容仪表、服务态度、服务技艺、工作效率和安全卫生等方面是否适合和满足客人心理需求的程度。具体要求如下。

1）仪容仪表

服务人员的衣着打扮、精神面貌是在宴会服务中首先映入客人眼帘的第一形象，能否给客人留下一个好的印象，主要取决于服务人员仪表是否端庄，衣冠是否整洁。要求每一位服务人员在工作前应洗手、清理指甲，发型大方，头发清洁无头屑，整齐不零乱。女服务员头发不能披肩，不戴戒指、手镯、耳环及不合要求的发夹，不留长指甲和涂指甲油，不化浓妆，不喷过浓的香水；男服务员头发不得过耳，不留大鬓角，工作时间不吸烟，不嚼口香糖。内外服装整洁，不能有油渍污物，外套服装整洁笔挺，不可有破损、缺纽扣等现象，不可在服务区内梳理头发、掏耳、剔牙、挖鼻子、修剪指甲，更不能对着食品说话、咳嗽或打喷嚏。

2）服务态度

宴会厅的服务人员接待客人时语言和蔼，举止文明大方，做到“语言轻，脚步轻，服务的动作轻”，热情为客人提供各种服务，并面带微笑，虚心听取客人的意见或要求，主动热心地为客人服务，如帮助客人斟酒水、撤换骨碟，进行席上分菜等。

3）服务技艺

服务人员服务技艺的高低，直接关系到宴会的服务质量。一个好的服务人员，应熟悉本岗位的业务知识，掌握服务操作规程，善于把握顾客的心理，熟悉各地、各民族顾客的风俗习惯，具备较强的应变能力，如向客人详细介绍菜单，上菜、斟酒时，注意选择时机及方法。尤其在客人致辞、相互敬酒时不宜上菜。分菜的动作要准确麻利，分配均匀。要善于察言观色，揣摩顾客的心理活动，及时为他们提供优质服务。

4）服务方式

宴会厅服务的方式，要根据不同地区、不同客人的风俗习惯、不同的宴会档次及服务对象，采取不同的服务方式。如有些顾客不需要服务员的服务，而喜欢自己相互斟酒水，表示热情友好；有的喜欢服务人员帮助他们斟酒水，显示出自己有档次。有的宴会顾客要求上菜的速度要快，最好把所有的宴会菜一次性全部上桌，显得丰富，用餐时间要短一些。有的顾客要求上菜速度要慢，吃完一个菜，再上一个菜，用餐时间要长一些。还有，自主餐会、酒会、西餐宴会与中餐宴会的服务方式完全不一样。所以我们要根据客人的需求及服务项目的变化，其服务方式随之变化，最大限度地满足客人对宴会的各种物质需求和精神需求。

5）服务工作效率

服务人员工作效率的高低往往影响客人的就餐情绪，如出菜的快慢、斟酒水的及时程度、客人需求服务反应速度等，都是衡量宴会服务工作效率高低的重要指标，也是衡量宴会服务质量好差的标准。只要我们能快速有效地为客人提供优质服务，不断地提高服务标准及工作效率，就可以得到客人的认可。

总之，宴会服务质量提升，不但要营造宴会厅内外的优良环境，制定严格的质量标准，而且要注重宴会厅各种用品的质量标准，满足不同层次客人的消费需求，更要注重制定宴会服务质量标准，满足顾客的物质和精神享受。

特别提示：宴会服务质量的控制，要一手抓“硬件”建设，一手抓“软件”建设，两手都要“硬”。要制定严格的服务标准、工作程序、规章制度、检查制度，确保宴会的服务质量不断提高。

3.5.3 宴会厅设备设施要求及管理

宴会厅设备设施要求是十分讲究的，它涉及宴会厅场地空间布置、餐厅桌椅、餐厅大堂设施设备、餐台用品及餐具用品、烹调设备等各个方面。从用途上可以分为烹调设备、经营设备、辅助设备和餐厅大堂设备。

1．烹调设备

烹调设备主要用于烹饪及原料加工设备(图 3-7)，如炉具、抽油烟机、操作台、调料台、餐具柜、冰箱、储物柜、蒸汽烹调设备、消毒柜、制冰机、冷藏柜、微波炉。根据设备的不同，做到每日清洁，每周护养，发现问题及时维修。厨房设备主要分为烹饪加热设备、冷藏冷冻设备、食品原料加工设备、饮料设备及洗涤设备等。

图 3-7　原料加工设备

2．经营设备

宴会厅需要配备的经营设备很多，常见的经营设备及要求有如下几种。

(1) 宴会包厢。其主要经营设备有桌椅、工作台、衣帽架或挂衣钩、沙发、茶几、卡拉 OK(含电视和音响)、小酒柜。

(2) 餐台用品。主要配备有台布，口布，银餐具/不锈钢餐具(骨碟、汤匙、口汤碗、调味碟、茶杯/茶碟、烟缸)，筷子/筷架，玻璃器皿，转盘，调味品器皿，托盘等。对于瓷器与玻璃器皿，操作时一定要注意轻拿轻放，餐具上桌前要认真检查，收台时要分类，避免损伤餐具。洗涤、清洗好的餐具也要分类清点管理，对于一些特殊的金银餐具，要按照规范的保养方法，指定专人用品质优良的清洁剂进行保养，而且每年大洗和抛光 2～3 次。

(3) 餐桌的规格要求。大多数中餐宴会厅一般采用方台与圆台，方台的规格通常为正方形，分别有 85cm、90cm、100cm 与 110cm，桌高 72～75cm 不等。圆台规格也有多种，即直径为 110cm、160cm、180cm 等，一般桌高 75～77cm。直径为 110cm 的小圆桌可设 4～6 个座位，直径为 160cm 的圆桌可设 7～8 个座位，直径 180cm 圆桌可设 9～10 人，直径越大，坐的人数就越多。通常每人占座位边长 60～85cm 不等，使用多大的圆桌，能坐多少人都有一定的规定；如果座位数安排太多，就有些拥挤。一般计算公式为：座位数＝圆台的直径(cm)×3.14÷(60～85cm)。与圆台相配的转盘一般在 10 人以上的圆台均有配备，它是依据圆桌面的大小进行选择，从 70～150cm 不等，一般标准转盘直径是 85cm。

(4) 餐椅规格要求。餐椅的选择要与餐厅的整体装饰风格一致，要让宾客坐下后有舒适感，日本学者研究表明：当座面高度为 40cm 时，腰部的肌肉活动最强烈。座面比 40cm 高或低时，肌肉活动都有所降低。这说明当人坐在 40cm 左右高的椅子上时，腰部不易疲劳，且椅子的高度应该比小腿的长度低 2～3cm。

另外，餐椅的种类有木椅（钢木结构）、扶手椅、儿童椅、沙发式椅等多种形式、功能。

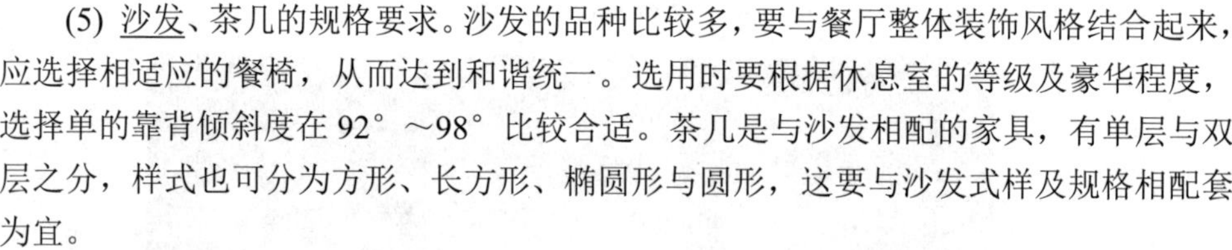

(5) 沙发、茶几的规格要求。沙发的品种比较多，要与餐厅整体装饰风格结合起来，应选择相适应的餐椅，从而达到和谐统一。选用时要根据休息室的等级及豪华程度，选择单的靠背倾斜度在 92°～98° 比较合适。茶几是与沙发相配的家具，有单层与双层之分，样式也可分为方形、长方形、椭圆形与圆形，这要与沙发式样及规格相配套为宜。

3．辅助设备

辅助设备主要有存储设备，通风设备，卫生间、库房等配套的设备，通常在筹建过程中均已安排好，餐厅开业后要注意维护和保养。另外，餐厅的温度、湿度调控设备及新风量，酒店星级不同及夏季与冬季温度不同，具体的技术参数也不一样，管理者应与工程技术人员要严格管理，灵活运用，这样才能保证餐厅的正常运营。

4．宴会厅大堂设备

大堂应配置的设备有收银台、工作台、冷藏冰柜、消防设备、音响设备系统、空调、灯光等。音响系统一般由播放音响设备、收视设备、麦克风、扬声器及其连线组成，安置时一定要合理，扬声器播放的音量也要适宜，宴会厅通常以背景音乐的方式播放音乐较为合适。

宴会厅的消防设备应该具备自动火警报警系统、自动喷淋系统、消火栓系统以及必备的灭火器材等。除此之外，还应该设有火焰隔断，遇到火警时可将消防钢门放下，这样可以将餐厅与餐厅之间，厨房与餐厅之间隔断。

关于宴会厅大堂的灯光，不同风格的餐厅大堂，要求也不相同，总体要让光线给人舒适感，要与餐厅的装潢与整体气氛相吻合。

特别提示：为了餐厅能正常运转，经营设备在配备过程中会有一些库存，以便及时补充餐厅的损耗，这些都是合理的。但是库存的配比不应该太大，否则会导致酒店资金的大量积压。

知识链接

宴会厅的家具中，最常用的材料是木材，但近年来有些高星级酒店引进轻便的铝合金、黄铜等金属家具，它们耐磨轻便、美观，便于清洁，价格也较合理，逐步在星级酒店占有一定的位置。但总体来说，家具的选择不能教条，要围绕着宴会厅的装饰配备，重点考虑到下列一些因素。

(1) 目标市场的宾客类型。

(2) 宴会大厅的整体格局与风格。

(3) 材料的色彩与式样。

(4) 使用的灵活性。

(5) 服务操作时的工作效率。

(6) 舒适、经济、美观、保养方便及耐用性。

(7) 将来的适用性与替代性。

(8) 存放。

(9) 破损率及厂家的售后服务。

除了宴会厅内部环境设计外，宴会厅的气氛设计也很重要。外部环境是指餐厅的外部景观的位置、名称、建筑风格、门厅设计、风景、停车场等因素。外部环境的设计一定要反映出宴会厅的经营特色。只有这样，外部环境与内部环境气氛才能有效地结合起来，形成宴会厅的整体环境气氛。

课堂讨论

1．阅读案例，谈谈宴会质量管理的重要性。

以高档商务宴请为主的北京宴禧餐饮有限公司(简称北京宴禧)，为应对急剧下滑的经营状况，积极寻找新的增长点。2015 年 5 月初，在大众美食促销季活动中，中国烹饪协会会长苏秋成率队到该店调研，介绍了中国烹饪协会关于促进全国餐饮业特别是高端餐饮企业应对经营下滑的指导意见，肯定了该店以坚持优质服务为抓手推动转型升级的做法。中商联也选择将该店作为全国优质服务表彰大会主会场，这些都促使北京宴禧在优质服务上狠下功夫，并以此实现经营的突破。

北京宴禧在广泛调研市场的基础上，把清华、北大等商学院作为自己的目标客户，为其设计有针对性的服务，专门定制了适合此类客户聚会需要多人座的圆桌。长江商学院看到这样与他们的文化相符的接待条件，便把北京宴禧作为聚会首选酒店。

2．宴会服务质量控制的技巧。

单元小结

本单元主要抓住宴会在运作管理中的质量管理加以叙述，使学生不但懂得宴会的设计和运作，更要注重宴会在运作中的质量控制与管理，这也是宴会经营必须要掌握的知识。

不新鲜的海鲜

因为参加了一场婚宴，谁料怀孕 7 周的吴女士和朋友相继中招，“上吐下泻还发烧”。

而这种疑似“食物中毒”的情况，两天内涉及了某大酒店的三场婚宴，包括 3 名新娘和他们的亲戚朋友，初步统计共有 71 人出现疑似食物中毒的症状，其中 31 人住院。疑似食物中毒，酒店被责令整改。

为何会“食物中毒”？一名参加婚宴的先生怀疑是由于“海鲜不新鲜所致”。他说，席间上了一道“鲍鱼蒸蛋”，但是“有一股臭田螺味儿”。有人还打包了这道菜给朋友，当晚，他的朋友立即上吐下泻。但是，出席同一场婚宴的沈先生没吃鲍鱼，只吃了龙虾，也中了招。

根据现场检查情况，执法人员给酒店下达了卫生监督意见书，责令酒店停止餐饮服务生产经营活动，并按要求进行整改。

考考你

1．宴会服务质量管理的重要性有哪些？
2．简述宴会服务质量控制程序。
3．阐述宴会服务质量标准。

【本章小结】

本章详细介绍了宴会的预订、生产、成本控制、营销等各个环节，既包括前期的预订、宣传营销环节，也涵盖了中期的生产、成本控制环节，同时也包括后期的质量控制与反馈环节。本章的内容纵贯了宴会生产消费的整个过程，结合当前我国社会最新形势及整个行业最新发展潮流，阐述了各环节的操作流程与标准，提供了可行性建议和发展思路。可对宴会服务与管理人员提供一定的支持性建议，具有较强的职业性和可操作性。

【知识回顾】

1．宴会预订岗位的职责任务是什么？
2．预订员与客人洽谈宴会时，应注意哪些事项？
3．简述原料采购的程序及步骤。
4．简述宴会成本的特点。
5．宴会企业投放广告的渠道都有哪些？
6．宴会菜品质量控制的方法有哪些？

【体验练习】

利用周末或课余时间，赴当地一家宴会企业进行社会实践或实地调查，详细了解该企业的宴会生产、预订、营销和质量控制的各环节。通过自己的思考，你认为该企业这些环节的管理有无弊端？若有，该如何改进？

Chapter 4

主题宴会设计

【学习任务】

- 了解婚宴文化
- 婚宴设计的步骤、流程与策划
- 婚宴
- 婚宴服务设计
- 能够初步进行酒店生日宴会前期的准备工作
- 能够结合宴会主题的具体特点和情景制订生日宴会策划方案
- 能够对生日宴会策划过程中存在的问题进行分析处理
- 认识主题商务宴会活动对酒店的重要性
- 了解商务宴会的主要类型及形式
- 掌握商务主题宴会设计的主要流程
- 能够根据商务主题宴会的规格、目的等情况，设计合理的菜单组合
- 可以为商务宴会搭配合适的酒水
- 掌握西式主题宴会正餐台型设计
- 了解西式服务方式
- 能够进行西式主题宴会服务流程设计
- 了解自助餐文化礼仪
- 自助餐菜品设计
- 自助餐台型设计与策划
- 自助餐摆台服务流程设计
- 自助餐服务流程设计

【知识导读】

宴请是人们日常交流的重要方式，通常包括婚宴、生日宴会、商务宴会、西餐宴会、自助餐等。因此，如何让被宴请的宾客吃得满意、喝得高兴、玩得开心，使

得被宴请客人在心里真正感受到东道主充分的尊重和用心，就能改变原有的态度和想法，进而转变立场成为该企业的朋友。而作为宴会的重要举办场所，酒店企业的宴会部门应该能够根据顾客的需求特点，为其设计具有个性化的主题宴会活动，提高宾主双方对本酒店的认可度和满意度，从而可以为酒店创造更多的经济效益和社会效益。

【内容安排】

- 婚宴的设计与策划
- 生日宴会的设计与策划
- 商务宴会的设计与策划
- 西餐主题宴会的设计与策划
- 自助餐宴会的设计与策划

4.1 婚宴的设计与策划

未来婚礼的流行趋势

未来婚礼流行趋势会是更注重于个性化，甚至是品牌化的婚礼模式。

随着改革开放三十年来经济的发展，人们的认知程度在不断加深，越来越多的年轻人喜欢个性化的婚礼模式，已经在继承传统婚礼文化的基础上，添加了时代的新元素和发展的新动力。在未来的发展中，无论是婚纱还是佩戴的饰品，或者是定制的请帖，新人们都想要有自己的专属 LOGO，根据自己的爱情观和自身的星座来设计不同的婚礼用品，打造专属自己的完美婚礼，这也是未来婚庆市场发展的新潮流。而婚庆行业虽然起步较晚，但发展快，促使“专属”婚礼的模式也越来越明显，谁都不想让自己唯一一次的婚礼出现雷同，而希望自己的婚礼是独一无二的，而且是别出心裁的。正是这种心理促使了婚礼专属化趋势的流行。

◎ 深度学习

4.1.1 中国婚礼文化

自古以来，中国的传统婚礼就颇具文化色彩，一直延续到今日，我们在新人的婚礼流程上仍可见到部分被保留下来的中式传统婚礼习俗。随着社会的发展，我们接受的西式婚礼文化的影响越来越多。无论从新人的服装样式，还是婚礼的整个流程安排，都注入了西式婚礼独有的色彩。伴随着各种文化的交流融合，演变至今，我们的婚礼从传统的纯中式婚礼(图 4-1)逐渐向中西式婚礼相结合转型。在保留了我们中国独有的婚礼文化特色的同时，又融入了一部分西方婚礼文化中唯美简化的婚礼元素，使得当下形成了一股中西合璧的婚礼新风潮。

图 4-1　中式婚礼

中式婚礼是汉传统文化精粹之一，大红花轿、浩浩荡荡的迎亲仪仗队、拜天地、掀盖头、身穿“凤冠霞帔”“状元服”(图 4-2)的中式婚礼，“追寻文化根源、重视传统民俗”成了现代人的新“时尚”，这就是中式婚礼。

【参考视频】

图 4-2　凤冠霞帔、状元服

1．射轿帘

花轿停下后，新郎手执弓箭，分别向天、地、新娘空射三箭，取意举箭弓逢凶化吉。这个古老的习俗据说可以驱除新娘身上的邪气，同时还有一层含义，就是要给新娘一个下马威，提醒她在成为新媳妇后要恪守妇道，做一个贤良淑德的好媳妇。

2．跨火盆

新郎和新娘共同跨过了火盆，取意避邪，祈求今后的生活红红火火。跨火盆的传统，相传是为了阻碍“跟尾鬼”跟踪，鬼魅怕火，无法跨过火盆，从此“一火两断”。

3．挑盖头

挑盖头这个仪式是我们最熟悉的洞房花烛夜第一要紧的事情。新郎要用秤杆挑下新娘头上的盖头，盖头揭下后，新郎要用手抚摸新娘的头发。秤杆揭盖头取“称心如意”的意思，抚摸头发，则象征白头偕老。

4．踩瓦片

岁岁平安踩瓦片，代表过去如碎瓦一般，要重新开始一个种的生活，比喻“过去时光如瓦之碎”。另外的意思就是，古时的人们重视男孩，踩碎瓦片的原始意义就是希望新娘不要“弄瓦”，也就是希望生男孩。

5．交杯酒

用两个红线连接的酒杯喝交杯酒，婚礼上叫作“凤凰三点头”：“一点头”各饮一口，“二点头”新郎将杯中酒全倒入新娘杯中，新娘再将酒平分给新郎，“三点头”夫妻交换杯子饮尽。喝交杯酒象征此后夫妻联成一体，有相同的地位，婚后相亲相爱，百事和谐，同时还含有让新娘、新郎同甘共苦的深意。

6．抛绣球

壮族抛绣球的习俗到了宋代，逐渐演变成男、女青年表达爱情的方式，其盛况如日中天，甚为流行。今天抛绣球的形式变成西式婚礼抛花球的传统，寓意分享喜悦，传递快乐。

4.1.2 西式婚礼文化

传统的西式婚礼分为仪式和宴会两部分。仪式多在教堂举行(图 4-3)，相对更为肃穆、庄严，被邀请的也都是至亲好友；晚宴则轻松许多，新人将邀请更多新人的朋友参加。今天我们来看看传统西式婚礼文化的要点。

图 4-3　教堂婚礼

新郎、新娘分别前往教堂，会合后开始举行婚礼(一般是下午)。婚礼一般由神父或牧师主持，亲朋或有心聆听“福音”的人一般都希望观礼(意大利人、希腊人除外)，大家静候新人到来。主持人开场之后会问新郎、新娘是否愿意接受对方。互相说完“我愿意”之后，双方交换戒指，接吻，签字后婚礼即具法律效力。一般情况下，新郎、新娘分别有伴郎和伴娘，花童若干，统称 the bridal party。

婚礼完成后，新人及 the bridal party 一干人等前往公园或海边等特别景点拍摄自然风格的婚礼图片，除传统惯例要拍的合影镜头外，其余镜头常常是即兴发挥。晚上，一对新人及 the bridal party，双方父母聚于酒店、酒吧或餐厅甚至海边开 Party，程序为入场→就座→伴郎致辞→宴会→切蛋糕→新人跳第一支舞→舞会+自助餐→新娘抛花球(新郎抛袜圈)→吻别。新郎、新娘赴酒店或度假地欢度新婚之夜。

4.1.3 婚宴设计的步骤

婚礼形式是新人们最重视的内容，无论传统的中式婚礼还是浪漫的西式婚礼，无论是另类的水上婚礼还是新潮的酒吧婚礼，新人们都希望通过特别的婚礼形式留下自己一生中最美好的瞬间，而要拥有一场令人难忘的婚礼，就离不开前期策划。

1. 确定风格和主题

确定风格：举办婚礼较为烦琐，大多数新人往往理不清头绪，最后弄得杂乱无章。筹备婚礼时需要做的第一件事是帮助新人确定婚礼风格。可以让新人们不妨在筹备婚礼初期创建一个婚礼梦想簿，即购买一个活页夹或收纳盒，把所有与婚礼相关的灵感都搜集在一起，包括从网上看到的信息、从杂志上剪下来的画片或商家信息等。待信息收集到一定程度后，婚礼的风格自然就清晰了。可以根据新人的想法和灵感，来确定风格和主题。

 **知识链接**

“80 后”主题个性婚礼策划提案

【主题构思】

“80 后”的我们，自我、叛逆、倔强，双方父母为我们付出了太多的辛苦。10 年的相恋，使我们即将走向父辈们曾走过的路。父母曾经也是青丝屡屡，但如今两鬓斑白；儿时的我们调皮捣蛋，如今即将成家立业。让我们一起感谢父母为我们付出的辛劳，一起去回忆父母陪伴我们成长的美好童年！

【婚礼基调】 怀旧 · 个性 · 童年

【婚礼主题】“80 后”爱情故事个性婚礼(图 4-4)

图 4-4　“80 后”爱情故事个性婚礼

【主题元素构成】

- 搭建教室效果的背景墙；
- 老师做司仪，以回答老师问题的形式宣布誓言；
- 在场所有人都是听课嘉宾；
- 邀请家长的时候，采用学校家长会的形式；
- 婚礼视频采用两个人从童年到长大后的经历，体现 10 年情感历程，分别同时出现在 LED 上，最后组合成走到一起的情景；
- 用课桌当做餐桌形式；
- 周围广告布上印有课程表、三好生评比栏等元素；
- 场务人员全部着装学生校服并佩戴红领巾，或 20 世纪 80 年代特色服装；
- 记账处采用嘉宾(帮忙)交学费形式；
- “教室棚顶”布满心形创意气球；
- 整场布满“80 后”的玩具、游戏，供来宾欣赏、娱乐；
- 用“80 后”曾经喝的汽水、曾经吃的小食品招待宾客；
- 让来宾在许愿树上挂卡片，写上对亲人的祝福，最后通过卡片抽出幸运来宾奖。

2．预估婚礼规模

婚礼的举办地决定着婚礼规模的大小，如在广场上举办婚礼，则规模可以大些，若在酒店厅房或酒吧、特色餐厅等场所举办婚礼，则规模就要小些。除此之外，婚礼规模有时还会随着邀请人数的变化而相应改变，这是婚礼筹备过程中最为烦琐的环节。在确定婚礼规模之前，新人最好先大概确定要邀请多少人，然后根据人数确定婚礼规模，再预留出余量。一般情况下，人数减少比人数增加好办一些。

【参考视频】

3. 设定婚礼预算

对于很多人来说，举办婚礼是一笔不小的开销。为节省开支，为新人事先制定一个婚礼预算，然后严格按照预算消费，以避免花过多的钱。所以制定预算时也应该有步骤地进行：首先确定一个总体预算；其次将其拆分成若干项小预算，并将每份预算分配到具体环节中，如婚宴要花多少钱，租用或购买婚纱礼服及配饰、婚戒需要多少钱，婚庆公司需要花多少钱等；最后预留出预算总额的5%，作为筹备婚礼时的机动资金。

4. 确定协议细则

在婚礼的筹备过程中，新人们会与很多方面签订协议，如婚宴举办地、婚庆公司、婚纱礼服租用机构等。为了清晰明了，在签订合同时应注意以下细节：合同上标注的婚礼日期是否准确；商家提供服务的时段是否确定；商家是否提供物品详单或服务细则，其中详单内容包括物品名称、规格、价格；取消服务或超时服务时的退款和补款细则等。

 **知识链接**

选婚宴酒店的经验

一、提前预订

尽管目前适合摆婚宴的酒店很多，但是，遇到“大日子”，还是供不应求。尤其是对婚礼场地有一定要求的，就一定要提前，至少三个月吧。此外，大部分酒店是一季度调整一次婚宴价格，提前预订场地可以享受当前价格，为婚礼节省费用。

二、交通要便利

考察酒店，一个很重要的因素就是交通便捷且有停车场。最好是酒店的外立面比较漂亮，大厅气派。周边环境也要考虑，最好能有 ATM 取款机及便利店，方便紧急赶来的宾客准备礼金及红包。

三、宴会厅看仔细

参加婚礼，首先映入眼帘的就是迎宾区，宽敞的迎宾区是首选。婚宴厅的风格、可容纳人数、层高、有无立柱都是新人在选择会场时的重中之重。准备举行户外仪式的新人，还要留心看一下酒店花园的大小。

四、亲自提前品尝菜式

酒店除了提供婚宴大厅外，菜肴也是款待嘉宾的一个重要环节。菜肴必须名副其实。有些酒店还提供试餐服务，如首府甲第大酒店，可以邀请长辈一同试餐，针对不提供试餐的餐厅，最好能自费试餐。同时，也体验一下酒店的服务。

五、先了解会场布置

目前，有些酒店会捆绑销售场地布置服务，如灯光、音响等，或者只允许其签约的婚庆公司进行场地布置，新人选择的其他婚庆公司入场则需要缴纳“进场费”等，也有一些酒店是不收“进场费”的，如新凯悦大酒店等。新人一定要提前了解清楚。

六、问清增值服务

大部分酒店会提供增值服务，如赠送婚房、来宾住宿券、婚礼蛋糕、香槟等，还有免费提供辅助灯光设施、LED 灯饰等，这些也要问清楚，且以合同的形式记录。

七、签订合同不可马虎

合同中应包括双方姓名、婚宴安排的日期及其他服务细节，需要注意的是，意外情况的处理办法也要写入合同。千万不要忘记索取订金收据，尽可能细化与酒店方达成的共识。

八、婚宴酒店软件服务不可忽视

1. 酒店服务人员的素质以及服务的用心和热心程度；

2. 酒店为婚礼机构提供的配合以及合作的用心程度，这些关系到您婚礼当天的效果和氛围；

3. 酒店的软件服务还体现在为新人量身打造婚宴菜色和婚宴价格；

4. 好的软件服务可以为新人积极考虑更多的预案，以及应对突发事物的能力。

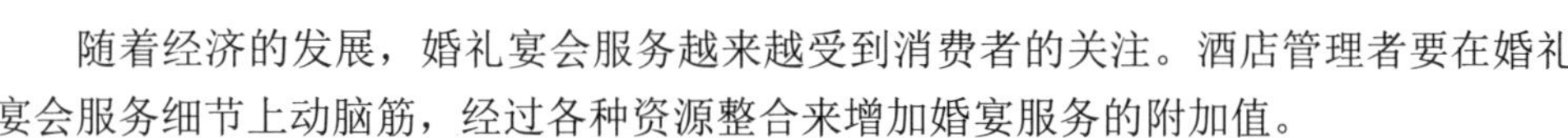

4.1.4 婚宴服务设计

随着经济的发展，婚礼宴会服务越来越受到消费者的关注。酒店管理者要在婚礼宴会服务细节上动脑筋，经过各种资源整合来增加婚宴服务的附加值。

1．婚宴开始前的准备工作

1）依照客人要求进行场地布置

(1) 开餐前 1 小时给员工开例会，布置工作，确认婚宴桌数、规范、地点、出菜次第、时间及某些客人的特殊请求。

(2) 服务开始前 15 分钟化淡妆，统一着宴会服装，面带笑容，迎接客人到来。

2）上毛巾，倒酱醋

(1) 婚宴开餐前 15 分钟准备。

(2) 左手托盘，右手送毛巾，毛巾叠法及朝向要统一。

(3) 筷子整齐地放在筷架上。倒酱或醋时，调味碟要拿到托盘内斟倒，不要太满。

3）摆放冷菜

(1) 婚宴前 30 分钟摆放好冷菜。

(2) 留意荤素、颜色、口味的搭配。

(3) 盘距相等，离桌边间隔相等。

(4) 装饰物一概朝外摆放，留意有装饰物的菜肴要用心摆放。

(5) 取拿不便当的菜肴如花生米、泥螺一概跟上调羹，客人未到前放在底碟上，调羹柄朝外卧放，客人来后放在冷菜中。

4）迎接客人

(1) 服务员笑容、热情，双手自然摆放。

(2) 声音明晰、悦耳。

5）帮助客人入座

(1) 仪态。到主桌位拉椅让座，拉椅不可过快或过慢。

(2) 笑容。亲切、热情、友善、身体微屈；若主宾带有夫人，则从女士先开始，帮助客人挂好衣物，为皮包罩上椅套；若有儿童，增加儿童椅。

6）展现酒水，斟酒

(1) 台面上摆放啤酒杯、红酒杯两套杯具，白酒杯落台备用，客人需求时及时提供。

(2) 啤酒。右手托酒瓶上端，左手扶下端成 45° 角，站在客人右侧，身体微屈，商标朝向客人。

(3) 红酒。站在客人右侧，身体微屈，商标朝向客人；开启时先去除瓶盖上的签封，再开启，用毛巾擦拭瓶口为客人斟倒。

2．婚礼典礼服务流程

(1) 婚礼典礼前，服务员辅佐客人发放糖果、香烟，并将多余的及时回收还给客人。

(2) 司门。两名服务员在婚礼典礼开始前将婚礼殿堂大门关闭，等候在大门两边，司仪开场白后，婚礼进行曲响起时缓缓拉开大门，新人入场。

(3) 交流信物礼仪。新人交流结婚信物典礼时，由一名服务员用垫着红垫巾的托盘将信物呈上。

(4) 交杯酒典礼。新人交杯酒典礼时，由一名服务员用垫着红垫巾的托盘将两杯交杯酒呈上；等候在一边，新人喝完交杯酒后将空酒杯带回。

(5) 切蛋糕典礼。新人切蛋糕典礼时，由一名服务员点燃蛋糕车上的两根冷焰火，然后渐渐推出蛋糕车，新人切完蛋糕后将蛋糕车推到一边。

3．席间服务流程

(1) 撤鲜花。上第一道热菜时先撤鲜花，留意台面上有无遗留下来的绿色叶子，要及时清理。

(2) 上菜。从陪同之间或空隙大处的中间上菜，留意必须在固定地点上。

(3) 撤换餐具等。

4．婚宴收尾服务

增强平安防备认识，提示客人保管好随身携带的皮包衣物，关注有无可疑人物出入餐厅。特别留意婚宴终场前的服务，需求撤除餐具时，必须征得客人同意才可撤除，不要由于客人婚宴用餐完毕较迟，脸上就流显露不耐烦的神色，服务怠慢客人。

5．婚宴操作流程对客人的预防工作

(1) 当值服务经理必须了解每一场婚宴客人的具体负责人。

(2) 外面婚庆公司进行婚宴布置需收取押金，婚宴结束时必须由当值服务经理检查无破坏后退回押金，否则将根据损坏程度进行照价赔偿。

(3) 客人自带酒水必须当面点清，婚宴结束后当值服务经理点清剩余酒水负责帮客人做好收纳运工作。

(4) 关于婚宴剩余桌数与婚宴销售人员数量统一。

(5) 婚宴提供打包服务，需事先询问客人，如需要，一般情况等客人离席时开始为其打包。在提供打包服务时按收台标准：拉椅、收台面上的口布、小毛巾，及时清点数字，将小餐具先收走。

(6) 在婚宴仪式中注意提醒客人不得燃放烟花。

(7) 结账需要客人支付现金，在预订处洽谈婚宴时建议客人当天存放在总台保险箱内。如果销售员担保，需提前通知餐饮部当值服务经理。

预订婚宴酒店注意事项

1. 明确记录

酒店的名称、电话、传真、地址、邮箱、联系人。

2. 大致涉及的项目费用

餐饮标准：每桌多少钱或每人多少钱?

服 务 费：服务费多少，是否可以减免酒水和点心的费用，哪些是附赠，附赠有无时间数量限制?

3. 酒店配置或配送项目

新娘休息室：有无新娘休息化妆室，免费提供还是收费(收费收多少)，休息室离宴会厅的距离?

蛋糕：是否赠送蛋糕? 如赠送蛋糕，需明确样式及层数。如收费，需明确价格及对应的样式。

签到本、笔：是否赠送签到本和签到笔? 咨询来宾人数较多情况下所赠送的套数，以免婚宴当天造成签到拥堵。

婚车：是否赠送婚车，赠送的婚车款式、颜色、有无公里数和时间限制。如超过限制如何收费?

香槟塔：是否赠送香槟塔? 赠送的是三层(14 只)、五层(55 只)、六层(91 只)哪种?

香槟：是否提供香槟?

红地毯：是否免费提供红地毯? 如不免费提供，如何收费?

车位：是否有充足车位? 免费提供多少? 额外收费车位如何收费?

4. 酒店服务

软饮料：是否畅饮，畅饮包含哪几种软饮? 畅饮时间。不畅饮如何赠送，每桌几瓶? 包含哪几种软饮，额外不同软饮如何收费?

红酒：是否赠送红酒(若赠送，赠送数量多少)? 可否自带，自带是否限制数量，有无开瓶费用(若有，开瓶费多少)? 酒店红酒售价多少?

其他酒：是否有赠送，赠送数量多少? 不赠送可否自带，是否收取开瓶费用? 不允许自带，酒店售价多少?

灯光：是否可以调节，酒店有无灯光师负责?

追光灯：是否免费提供? 不免费提供，费用为多少?

舞台灯：是否免费提供? 不免费提供，费用为多少?

音响系统：提供多少只无线话筒，多少有限话筒? 是否配备音响师?

影像系统：是否免费提供投影仪及投影幕? 不免费提供的话，如何收取费用?

服务人员：每桌配备几名服务人员? 酒店针对此次宴会所安排的其他服务人员有几名，负责哪些事情?

5. 布置

签到台花：是否有签到台花？

舞台大小：舞台的长、宽、高尺寸是多少？若为小块舞台，小块舞台的尺寸和提供的数量是多少？

柱子：宴会厅是否有柱子，若有，有几根？是否影响布置和视觉大厅高度？宴会厅高度是多少，是否会影响背景搭建的高度？

装修风格：宴会厅的装修风格是怎样的？

宴会厅大小：可以容纳多少桌？一定要问清楚，是否已经预留舞台空间。

主桌桌花：是否有主桌桌花？若有，花材是什么？

主桌布艺：是否有主桌布艺？若有，体现在哪里？

客桌桌花：是否有主桌桌花？若有，花材是什么？

客桌布艺：是否有客桌布艺？若有，体现在哪里？

背景：是否免费提供背景？若收费，如何收费？背景是否可挑选？

布场时间：布场时间要求提前多久？

课堂讨论

1. 如何根据婚宴文化进行策划主题婚礼？
2. 简述婚宴设计的步骤。
3. 简述婚宴流程策划包括的内容。
4. 如何进行婚宴服务设计？

单元小结

通过本单元的学习，使学习者了解婚宴的文化，掌握婚宴设计的步骤及方法，能够独立撰写主题婚宴的策划书，能够按照预定的要求进行婚宴服务设计。

预订婚宴酒店流程

一、信息搜集(婚礼前 12～10 个月)

新人也许会觉得挑选结婚的场所，没有必要提前 12 个月搜集信息、开始挑选。其实北京、上海两地虽然酒店会所众多，但每年登记结婚的新人将近 10 万对。而一年只有 52 周，婚礼又有很明显的季节性，5 月份、10 月份扎堆结婚现象普遍，所以既能满足长辈要求的吉日，又是气候合适的非工作日，就显得弥足珍贵。如果你选定的是这些炙手可热的吉日，而你看中的又是百里挑一的适宜结婚的好酒店，就非先下手不可。

二、商家筛选(婚礼前 9～10 个月)

在信息搜集阶段，也许你会了解到很多商家的信息，考虑到时间及精力的问题，你并不能一一前往考察、洽谈，所以商家筛选的过程就非常必要。新人可以在线浏览相关商家，然后根据筛选规则——氛围、大小、价格、地理位置、硬件条件等进行筛选，有不同侧重点的新人可自行安排筛选条件。最好是将你所了解到的林林总总的商家信息控制在 5～10 家以内，这样才可以酌情安排进一步的场地考察。

除了明显不符合需求的场地直接被删除外，对于备选的酒店，电话咨询是筛选最有效的途径。通过电话进一步询问场地大小、地理位置、价格等有效信息，此外，也要询问你挑选的吉日是否有空档。如果一切都初步满意，就可以酌情纳入实地考察的范围。

三、实地考察(婚礼前 8～9 个月)

实地考察前，不妨根据备选酒店的地理位置分类，将临近的几家场地归为一天考察，前后有一个明显的实地比较，可节省时间。实地考察阶段，要带好笔记本及照相机，详细记录各家酒店的信息，避免一圈考察完毕，已经将各个酒店信息搞混。照相机可记录下各酒店实际的场地条件，便利与家人、婚礼策划人员一同参考。

四、及时预订

经过了以上信息搜集、商家筛选、实地考察、婚礼秀之后，针对你所青睐的场地，一定要先下手为强，及时预订。北京最热的婚礼场地，诸如丽思卡尔顿酒店、香格里拉饭店、柏悦酒店、乙十六号商务会所、伊锦园餐厅等，每年 5 月份、6 月份、9 月份、10 月份的婚礼吉日，一般在前一年的年末便被预订，所以一旦敲定了你最喜爱的场地，又恰值你的婚礼日期有空档，切记要尽快预订。

考考你

1. 请撰写《一路有你》大型主题婚礼策划方案。
2. 如何设计一场独特的婚礼?

4.2 生日宴会的设计与策划

一位女士在为自己的丈夫筹办 50 岁生日的宴会。酒店员工来到她的住所开始布置场地。一切都有条不紊地进行着，食品运到后开始加工制作；餐厅安排就绪，女主人表现出这一时期特有的状态——慌张而且极度紧张。接下来，她问了一个问题："怎么没有杨梅呢？"原来，酒店餐厅没有运来杨梅，而是运来了其他的水果代替杨梅(芒果和番木瓜)。女主人一下子崩溃了，开始哭了起来。她说这个宴会搞砸了，因为杨梅是她丈夫最爱吃的水果，酒店答应她想办法提供杨梅。所有到来的宾客都很喜欢生日庆祝的安排，但是，女主人却坚信，这个生日派对搞砸了。

思考问题：案例中的女士为什么会认为生日派对搞砸了?

点评：酒店宴会员工应该具有细致入微的工作作风。细致入微使得优秀区别于良好。因此，一个生日宴会的成功关键取决于注重细节。为了取得成功，宴会员工必须认真倾听顾客的要求，然后尽力满足顾客的期望。

【参考视频】

◎ 深度学习

4.2.1 生日习俗的起源

按照中国民间的习俗，通常将四十岁以下的诞辰纪念称作"过生"，而过了这个界限的就称作"做寿"。对于生日文化的由来，人们一直众说纷纭。早在先秦《礼记·内则》中就有记载："子生：男子设弧于门左，女子设帨于门右。"意思是说孩子生下来时，如果是男孩子就在家门的左边挂一把弓，如果是女孩子就在门的右边挂手绢。从此以后，每年的今日，人们都要设宴庆祝，也就是通常说的"过生日"。那么，人们为什么要过生日呢？

第一种说法：庆祝生命的延续和兴旺。

据《汉书·卢绾传》记载，卢绾的父亲与汉高祖刘邦的父亲同住一里，视为生死之交，两人的妻子又在同一天各自生下了一名男婴，乡亲们得知这一消息后特意准备了礼物前来祝贺，而"复贺"的日期很有可能是两个孩子的始诞纪念日，也就是我们说的生日。

第二种说法：对母亲赋予生命的感激。

俗话说："儿的生日，母亲的难日。"抛开十月怀胎不说，每当一个生命来到这个世界上时，作为孩子的母亲必须忍受巨大的生理和心理痛苦，因而在民间还有一种说法，认为做生日的本义就是要"哀哀父母，生我劬(拼音:qú)劳"，"劬"就是劳苦、辛苦的意思，希望通过做生日来追思母亲临产及分娩时的痛苦，体会父母哺育的艰辛。据史书上记载，唐太宗及五代时后汉高祖都坚持不搞生日庆贺，生日更多像是一种纪念仪式，然而每年庆祝生日的习俗已在我国江南部分地区悄悄流行起来了。

第三种说法：消灾驱邪。

这种说法源于一个民间传说：有个少年家境贫寒，家中只有一个年过七旬的老母亲相依为命。一次，少年突然得了一种不知名的重病，家里无钱医治，眼看奄奄一息之际，有人告诉了他一个方法，称某月某日，八仙将路过此地，可备上酒水以求他们帮助。少年依计行事，果然见到了八仙，治好了怪病，临别时八仙告诉他："今日是你再生之日，此后每年今日予以庆祝，定可长寿。”消息传开后，过生日置酒请客逐渐成为当地人的一种习俗，流传开来。这虽然是一个传说，但也可以看出，过生日在很多人心里有一种消灾祛病、祈求来年平安的意思。

众所周知，生日伴随着一个生命的全过程，它见证了生命最初来到世间时的“哇哇”啼哭声，也记载着岁月流逝中的道道痕迹，每个人对生日都有着一份特殊的情感。

4.2.2 生日宴会

生日宴会的概念：宴会是因习俗或社交礼仪需要而举行的宴饮聚会，是社交与饮食结合的一种形式。生日宴会即以生日为主题的一种宴会形式。

生日宴会可以分为三类：百天宴请(图 4-5)、老人寿宴、生日聚会。

图 4-5　百日宴会现场

1．百天宴请

【参考视频】

厅内装饰可以悬挂一些气球、风车、小孩子的照片、卡通贴画等，营造出童真时代的气氛。餐具要准备好儿童餐具，比如塑料勺、塑料碗、塑料杯子等。提前准备好宝宝椅和婴儿床。准备一些儿童玩具和小泥人，可以发给小朋友。背景音乐准备一些欢快的儿歌。厅外门口搭建签到台，准备喜钱箱，可以准备一些红包以备客人用。菜品主要排一些易消化和软食类食品，菜品装饰可以以小泥人或是雕刻为主。准备蛋糕车、蛋糕刀、蜡烛等。

2．老人寿宴

厅内装饰要悬挂寿字(图 4-6)，再加一些气球作为点缀，厅内背景音乐准备一些优雅高贵的音乐。菜品主要排一些易消化和软食类的菜品，菜品装饰要有寿桃或是寿字装饰，菜量要稍大点。厅外门口搭建签到台，准备喜钱箱，可以准备一些红包以备客人用。

3．生日聚会

厅内装饰以气球和纱类装饰为主营造浪漫青春气氛(图 4-7)。背景音乐准备欢快的流行歌曲。准备蛋糕车、蛋糕刀、蜡烛等。厅外门口搭建签到台，准备喜钱箱，可以准备一些红包以备客人用。菜品准备要丰富，菜量要大。

图 4-6　寿宴现场

图 4-7　生日聚会

 知识链接

过生日吹蜡烛的由来

过生日吃蛋糕、吹蜡烛已为人们熟悉，这一习俗据说源于古希腊。在古希腊，人们都信奉月亮女神阿耳特弥斯。在她一年一度的生日庆典上，人们总要在祭坛上供放蜂蜜饼和很多点亮的蜡烛，形成一片神圣的气氛，以示他们对月亮女神的特殊的崇敬之情。后来，随着时间的推移，由于疼爱孩子，古希腊人在庆祝他们孩子的生日时，也总爱在餐桌摆上糕饼等物，而在上面，又放上很多点亮的小蜡烛，并且加进一项新的活动——吹灭这些燃亮的蜡烛。他们相信燃

亮的蜡烛具有神秘的力量，如果这时让过生日的孩子在心中许下一个愿望，然后一口气吹灭所有蜡烛的话，那么这个孩子的美好愿望就一定能够实现。于是吹蜡烛成为生日宴上有着吉庆意义的小节目，以后逐渐地发展到不论是在孩子还是成年人甚至老年人的生日宴会，都会有吹蜡烛这个有趣的活动。

4.2.3 生日宴会设计的注意事项

1．设计突出主题，形式传承创新

生日宴会的主题设计最忌讳主题多元化而缺乏个性、缺乏特色，以至于宴会的主题不突出，没有新意。有的酒店在设计或确定主题时总是犹豫不决，不知道如何取舍，导致面面俱到，看起来繁花似锦，其实不然，这样会导致每个设计环节主题不清晰。另外一个极端是宴会的主题平淡无奇，没有创造性，随大流。推出某一个主题宴会时，主题应张扬个性，与众不同，形成自己独特的风格。其差异性越大，就越有优势。宴会主题的差异也是多方位的，如体现在产品、服务、环境、服饰、设施、宣传、营销等方面的有形或无形的差异，只要有特色，就能吸引市场人气。

2．生日宴会环节紧凑，细节决定成败

生日宴会庆祝活动有一定的程序性，策划时，在保障庆祝效果主题突出、载体创新的前提下，要把所握好规律性的程序，活动步骤在环节上要衔接紧凑，场地器材设施保障到位，庆祝道具、餐饮用品数目准确，对客人的特殊要求要落实到位，每一个细节都要经过反复彩排和认真布置落实，做到万无一失。

4.2.4 生日宴会设计与策划流程

1．生日宴会餐前准备流程

【参考视频】

(1) 按照生日类型准备相应的物品，做好餐前准备工作。

(2) 提前与客人确认好要喝的酒水和饮料，并做好准备。

(3) 提前调试好音响和设施设备。搭建好签到台，准备喜钱箱和红包。

(4) 开餐前 15 分钟打开空调。安排好各桌就餐人员，以及服务人员。

(5) 准备好蛋糕车、蛋糕刀、蜡烛等。

(6) 检查桌面及备餐台餐具、酒水情况。

(7) 待客人全部就座之后，与客人点好人数通知厨房起菜，这时询问客人生日蛋糕仪式什么时候开始(上生日蛋糕时，要提前请客人明确，蛋糕上面要插几支蜡烛)。

(8) 服务员推着车唱着生日歌帮客人庆祝生日，过程中要向客人道贺，说一些祝福的话。之后协助客人完成切蛋糕等其他仪式。

2．生日宴会服务中注意事项

(1) 上菜前检查工作(例如：盘边不干净需要擦拭、核对菜单是否有此菜、检查所上

菜品数量是否与起菜人数相符、检查菜品的配料是否配上、检查菜品有无质量问题等)。

(2) 询问酒水、饮料及斟倒上菜原则及程序(先冷后热、先荤后素等)。

(3) 分好蛋糕，每人一份 (此一切操作都由主宾开始)。

(4) 餐中巡台(及时添加酒水，更换骨碟和餐巾纸等)

3．生日宴会结束工作

结束后及时核对酒水及参加宴会人数，检查台面餐具等有无破损，检查有无遗留物品，为客人拉椅，送上电梯至大堂门口，目送客人离开。

知识链接

生日宴会策划流程

【参考视频】

引子

(灯光昏暗，泡泡起)主持人朗诵：今夜为你盛开的花儿多么芬芳，沁人心脾的芬芳弥漫在四周，伴随着悠扬的旋律，在月光下曼妙轻舞。调皮的星星犹如一颗颗夜明珠，点缀在一望无垠的夜空，仿佛在对你送上无声的祝福。生日祝福，永远的祝福，让我们为你点燃温馨的蜡烛，轻轻唱响永恒的生日歌，用真心、用真意欢快地庆祝，把祝福的话儿一遍遍地宣读。生日祝福，永远的祝福，让我们一起许下最美的心愿和祝福，祝福你人生的旅途，每一天都围绕着快乐和幸福。

开场

(全场灯亮)尊敬的各位嘉宾，亲爱的各位朋友，女士们，先生们，大家晚上好！

秋天是希望的季节，秋天是收获的季节，在这秋高气爽、硕果累累的金秋时节，我们共同迎来了总经理××先生 36 岁生日的喜庆日子。今天新天地的各位朋友都是怀着喜悦的心情，笑容满面地来到凯旋阳光酒店，你们的到来和你们带来的真诚祝福，令这里蓬荜生辉，使这里增光添彩。我是盛世情缘文化传播中心主持人××，今天由我来主持这个隆重、喜庆、祥和、浪漫的生日庆典仪式，感到万分荣幸和由衷的高兴。在此，我首先恭祝到场的所有来宾、所有朋友们万事如意，财源广进，事业有成，合家欢乐。

主人公入场

(灯光昏暗，只留冷光)亲爱的朋友们，下面我们将在万众瞩目中，请出今天的焦点、我们的主人公；新天地总经理××先生闪亮登场。朋友们，掌声响起来！(10 支冷焰火)

(灯光全开，缤纷礼花)亲爱的朋友们，在喜气洋洋的氛围中，我们看到，今天的寿星××先生，可以说是迈着轻捷的脚步来到舞台上。今天是××先生 36 岁生日的喜庆日子，恰逢在硕果累累的金秋季节里，朋友们相约来到这里，共同为他祝福和祈祷。

此刻在台上就座的这位就是我们的焦点、我们的××先生，可以说是风度翩翩，相貌堂堂，落落大方，精神抖擞，神采飞扬，年轻有为，血气方刚。真的是应了一句俗话“人逢喜事精神爽”。(鼓掌)祝愿我们的总经理××先生生日快乐！身体健康！事业蓬勃！蒸蒸日上！

献花

亲爱的朋友们，今天是我们××先生 36 岁生日。下面我们请出礼仪小姐为总经理敬献鲜花，表达所有员工的真诚祝福。掌声欢迎！好，我们把最真诚的祝福和最美好的祝愿融在鲜花中送给××先生，祝福××先生以后的生活像鲜花一样灿烂。

推蛋糕

(灯光昏暗，只留冷光，泡泡起)下面有请礼仪小姐推出象征所有员工用真心祝愿和真情共同打造的生日蛋糕。

点燃烛光

(灯光全灭)好，请××先生点燃生日的烛光，点燃人生的辉煌！朋友们，这圆圆的蛋糕象征着××先生福寿齐天，这一层层的蛋糕象征着××先生一步一层天，蛋糕中甜甜的、淡淡的奶香味也就象征着所有朋友对总经理真诚的祝愿。

齐唱《生日歌》

许愿

(灯光全灭)好，现在，我们的生日烛光已经点燃，星星点点的烛光映红了××先生的笑脸，来，我们请总经理××先生在烛光前许下一个心愿，有这么多真诚的朋友来到这里共同为××先生祝福祈祷，相信你的心愿一定能够实现。

吹蜡烛

好，睁开你幸福的双眼，许愿完毕。好，在万众瞩目当中，请总经理××先生吹灭这生日的烛光好吗？掌声响起来！

切蛋糕

(全场灯亮)请××先生用你勤劳的双手，把这个饱含着幸福和甜蜜的蛋糕切开，让所有的朋友共同分享你的开心和喜悦。朋友们，把祝福的掌声再次送给××先生！

感言

(泡泡起)此时此刻最开心、最激动、最高兴的人呢还应该是我们的总经理××先生本人，我们热烈欢迎总经理××先生发表感言！

敬酒

千言万语都不能够表达感激之情，××先生略备薄酒一杯，亲自敬献给所有的朋友们，以感谢你们的到来和捧场，有请礼仪小姐送上香醇浓烈的美酒。所有的来宾朋友们，请你们端起桌上的酒杯。你们端起的是祝福酒，是友谊酒，是感谢酒，请大家全体起立，把这杯美酒举起来，这杯美酒有双重的意思：第一层意思：××先生感谢大家在百忙中能够抽出时间光临他的36 岁生日宴会；第二层意思，所有的朋友把祝福的美酒敬献给××先生，再次祝愿他生日快乐！来，干杯！谢谢！好，请朋友们坐下，这杯香醇的美酒是喝在嘴里，甜在心里，乐在我们大家的心窝里呀！我们用这杯美酒送上对××先生的祝福，再次祝福××先生生日快乐！万事如意！心想事成！鹏程万里！

开宴

各位朋友，各位来宾，今天喜逢××先生 36 岁生日。大家不辞辛劳，在百忙中抽出时间赶到这里来，参加今天的聚会，让今天的聚会更加有意义。有句话说得好，酒不醉人人自醉，希望朋友们来到这里，都能够共同分享××先生的这份开心、这份幸福，希望大家开怀畅饮，一醉方休。同时，我也代表新天地的所有员工感谢总经理××先生，感谢您的运筹帷幄，感谢您的英明领导，让我们的新天地福茂德隆、财源滚滚；让我们能感受到新天地大家庭的温暖；让我们感受到在新天地工作心情舒畅。谨借××先生 36 岁生日庆典，恭祝所有的朋友身体健康！万事如意！心想事成！爱情甜蜜！××先生 36 岁生日宴会现在开始。掌声响起来，欢送××先生入席。

演出

下面，有请著名歌手×××为今天最幸福的××先生献上一份真诚的祝福！掌声欢迎！

课堂讨论

1. 简述生日主题宴会的类型和特点。
2. 生日主题宴会预订时的注意事项有哪些？
3. 生日主题宴会设计的步骤有哪些？
4. 李明今年顺利地考上了大学，他在开学的前一周过生日，你能为他策划一场具有纪念意义的生日宴会吗？

单元小结

通过本单元的学习，使学生了解生日宴会的类型和宴会特点，以便于根据客户需求进行生日宴会活动的策划。学生能够独立完成撰写生日宴会策划方案，并能根据方案组织人员正确实施方案。

生日蛋糕

古时候的生日蛋糕只会出现在国王、等级较高的贵族和其他重要人物的生日宴会上，普通人，尤其是小孩从来都不用蛋糕庆祝生日。这容易被解说为：只有贵族阶层才有财力举行生日庆典，而且有可能被载入史册被人们记住。一些史学家认为，是过生日者要戴上生日“桂冠”的习俗引发了这些早期的生日蛋糕庆典活动。后来，庆祝生日必备蛋糕成为世界各地的传统，无论老少贫富都是如此。虽然当今一些国家的生日蛋糕风俗有所雷同，但是每个人庆祝生日用蛋糕的方法都不一样。各地的人们根据各自的宗教信仰和古老的文化传统，在使用生日蛋糕时都有自己的仪式。我国也有用“面条”“鸡蛋”来过生日的，代表“长寿”“转运”之意。

考考你

1. 一场成功的生日宴会设计方案的切入点有哪些？

2. 请撰写一份生日宴会策划书，地点在蓝星宾馆状元厅，策划内容包括菜单设计、环境布局和台型等的设计。

4.3 商务宴会的设计与策划

年底，各公司答谢客户，与客户沟通联谊的酒会和晚宴陆续开始。商务宴会在哪里举办?很多人的答案都是酒店。在传统的观念里，宴会就等于围坐在圆桌旁的觥筹交错，地点当然是选在富丽堂皇的酒店宴会厅或酒楼包间。但是凭借着当今酒店宴会设计人员的创意与构想，你可以把你的商务宴会带到任何你喜欢的地方，从名胜古迹到乡郊野外，还有广场、花园。无论是在北京雄伟壮丽的八达岭长城上，还是在杭州夕阳洒金、风光如画的西子湖畔，酒店的主题宴会策划人员都可以给你带来不一样的商务主题宴会的体验与感受。

◎ 深度学习

4.3.1 商务主题宴会对酒店的重要作用

1. 增加酒店收入

商务宴请因其宴请的目的和对东道主企业的功能，一般具有餐标较高、消费能力较强、回头率高、举办次数较多等特点，直接拉动经济收入的作用十分明显。因此，酒店宴会部门应该把商务宴会作为重要的细分市场和目标客源，有效提高宴会的销售额和营业收入。

2. 提高顾客忠诚度

随着市场竞争的加剧和酒店宴会同质化经营程度的加深，各酒店企业之间的宴会产品差异性越来越小，特色越来越不明显。酒店宴会原有的顾客很容易被竞争对手的低价等策略拉走，导致酒店企业客源的流失。通过对商务宴会进行主题设计，从场景、主题、菜品、服务等多个环节创造不一样的宴会产品，给宾主双方不一样的惊喜感受，就能有效提高顾客的忠诚度和满意度，从而使酒店企业在市场竞争中立于不败之地。

3. 树立酒店良好形象，提高酒店知名度

一场出色的、有创意的、能使宾主尽欢的商务主题宴会(图 4-8)，可以使与会宾客在相当

长的时间内依然津津乐道、念念不忘。这就好比一场令人难忘的旅行一样让人印象深刻，顾客也会将这种愉悦的感受与身边的亲朋好友分享、传达，成为酒店的“义务营销员”。长此以往，酒店的良好形象就不难建立了，同时酒店的知名度也因其主题鲜明、特色明显的商务宴会而逐步提高。

图 4-8　商务主题宴会

4.3.2 商务主题宴会的类型及原则

1．商务主题宴会的类型

1）宴会

系盛情邀请贵宾餐饮的聚会，按隆重程度、出席规格，可分为正式宴会和便宴。按照举行时间，又有早宴、午宴和晚宴之分。一般说来，晚宴较之早宴和午宴更为隆重、正式。

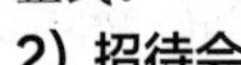

【参考视频】

2）招待会

招待会是指各种不配备正餐的宴请类型。一般备有食品和酒水，通常不排固定的席位，可以自由活动。常见的有冷餐会和酒会。

3）茶会

茶会是一种简便的招待形式。一般在下午四时左右举行，也有的在上午十时左右进行。其地点通常设在客厅，厅内摆茶几、座椅，不排座席。但若为贵宾举行的茶会，在入座时，主人要有意识地与主宾坐在一起，其他出席者可相对随意。

4）工作餐

工作餐是国际交往中常用的非正式宴请形式，主客双方利用共同进餐的时间边吃边谈。工作餐按用餐时间可分为工作早餐、工作午餐和工作晚餐。这种宴请形式既简便，又符合卫生标准，特别是在日程活动紧张时，它的作用尤为明显。

2．商务主题宴会的原则

1) 适量原则

适量原则是指在商务宴会活动中，对于宴请的规模、参与的人数、用餐的档次以及宴请的具体数量等都要量力而行。务必要从实际需求和实际能力出发，进行力所能及的安排，而切忌虚荣好强、炫耀攀比，甚至铺张浪费。

特别需要指出的是，酒店商务主题宴会设计人员不应该为了追求酒店的经济效益，在进行主题设计时一味追求高大尚，导致主办企业经费预算超标、资源浪费严重、助长了攀比虚荣的社会风气。

2) 4M 原则

4M 是指 4 个以 M 开头的英文单词，即 Menu(精美的菜单)、Mood(迷人的气氛)、Music(动人的音乐)和 Manners(优雅的礼仪)。这些都是酒店宴会设计与策划人员在安排商务宴会活动时，应该注意的重点问题。4M 原则的主要含义，就是要求宴会设计者在安排商务宴会时，必须先对菜单、气氛、音乐、礼节这四个方面的问题给予高度重视。

4.3.3 商务主题宴会策划的主要流程

1．商务主题宴会环境设计

商务主题宴会环境设计是依据宴会的主题、标准、性质、宾主要求和宴会厅的装饰风格来进行设计和装饰布置的方法。

(1) 体现经营理念。“您的需求，我的责任”“以顾客为中心”。

(2) 充分考虑商务主题宴会的光线、色彩、背景音乐等，使其与主题搭配、协调。

(3) 环境设计以文化为载体。

【参考视频】

2．商务主题宴会台面设计

成功的主题宴会台面设计，就像一件艺术品，令人赏心悦目，给参加宴会的宾客创造了隆重、热烈、和谐、欢快的气氛。

1) 按主题宴会餐饮的方式

中式主题宴会台面(圆桌、中式餐具)；西式主题宴会台面(方形、长方形桌、西餐餐具、银制烛台等)；中西式合璧主题宴会台面(中餐采用中菜西吃的用餐方式；餐具：中餐的骨碟、汤碗、筷子，西式的餐刀、餐叉及各种酒具)。

2) 按主题宴会台面的用途及风格

【参考视频】

餐台(也叫食台，餐饮“正摆台”)、看台(根据宴会主题、性质、内容，用各种小件餐具、小件物品、装饰物等摆设成各种图案，供宾客在就餐前观赏，多用于民间宴会和风味宴会)、花台(用鲜花、绢花、花篮以及各种工艺美术品和雕刻品点缀构成各种新颖、别致、得体的主题宴会台面)。主题宴会台面的适用范围及风格列于表 4-1 中。

表 4-1　主题宴会台面的用途及风格

序号	主题宴会类型	台面风格特点	适用宴会
1	仿古宴	仿古代名宴的餐酒具、台面布局、场景布置，礼仪规格高	红楼宴、宋宴、满汉全席、孔府宴
2	风味宴	具有鲜明的民族餐饮文化和地方饮食色彩	火锅宴、烧烤宴、清真宴、海鲜宴、斋宴、民族宴
3	正式宴会	主题鲜明、政治性强、目的明确，场面气氛庄重高雅，接待礼仪严格	国宴、公务宴、商务宴、会议宴
4	亲(友)情宴	主题丰富，目的单一，气氛祥和、热烈，突出个性	洗尘接风、乔迁之喜、祝贺高升、毕业宴请、家庭便宴
5	节日宴	传统节日气氛浓重，注重节日习俗	圣诞节、元旦、春节、元宵节、国庆节、中秋节、儿童节、情人节、美食节、重阳节等宴请
6	休闲宴	主题休闲，气氛雅静舒适	茶宴
7	保健养生宴	倡导健康饮食主题，就餐的环境、设施与台面设计有利于客人的健康需要	食补药膳宴、美容宴
8	会展宴	宴会的台面设计与会展主题相符，就餐形式多种多样	各种大型会展主题宴会、冷餐会、鸡尾酒会

步骤：根据宴会目的确定主题→根据主题宴会台面寓意命名→根据主题宴会场地规划台形设计→根据宴会的主题创意设计台面造型(图 4-9)。

图 4-9　中国养生主题精品宴

3. 商务主题宴会服务设计

【参考视频】

商务主题宴会作为高规格的就餐形式，显著的特点是礼仪性和程序性。因此，在商务主题宴会服务中，服务程序的正确与否，服务质量的好与坏，会对整个主题宴会的过程起到推动作用或产生负面影响。

4．商务主题宴会菜单设计

每个宴会都会有它的目的性和主题性，是专为主题宴会设计的菜单。因此，必须与主题相符。

制定程序。充分了解宾客组成情况以及对宴会的需求→根据接待标准，确定菜肴的结构比例→结合客人对饮食文化的特殊喜好，拟定菜单品种→根据菜单品种确定加工规格和装盘形式→根据宴会主题拟定菜单样式，设计菜品名称，进行菜单装饰策划。

 **知识链接**

商务宴会菜单实例鉴赏

赤壁怀古 人文商务宴

风云满天下(红运乳猪拼)
赤壁群英会(八色冷味拼)
跃马过檀溪(山珍海马盅)
三雄逐中原(珍珠帝王蟹)
凤雏锁连环(金陵脆皮鸽)
赋诗铜雀台(萝卜竹蛏王)
煮酒论英雄(酒香坛子肉)
豪饮白河水(清蒸江鲥鱼)
迎亲甘露寺(罗汉时素斋)
卧龙戏群儒(海参炖鼋鱼)
千里走单骑(韭黄炸春卷)
貂蝉拜明月(水晶荠菜饺)
桃花春满园(时令鲜果盘)

中国印 人文商务宴

昌化图章(龙虾三文鱼拼盘) 寿山凤印(珍珠鲍鱼花旗参炖鸡)
青田虎符(麻皮乳猪拼盘) 巴林关防(脆皮芝麻炸仔鸡)
奥运徽宝(豉油胆蒸石斑) 盛世中华(蒜蓉豉汁蒸鳕鱼) 百年西泠(雪蛤烩银耳) 天圆地方(三文鱼蛋蚧黄时蔬) 顺天应时(汤圆红枣鲜百合) 自强不息(字母百福寿桃) 厚德载物(金菇长寿伊面)

5．商务主题宴会酒水设计

(1) 根据客人预订情况准备酒水。
(2) 酒水的档次应与宴会的档次、规模、寓意协调一致。
(3) 高档宴会应选用高档酒水。
(4) 中式宴会用中国酒。
(5) 季节影响。一般夏秋—啤酒，冬春—白酒。

在策划、设计主题宴会时，还应考虑消费导向、地方风格、客源需求、时令季节、菜品特色等因素，选定某一主题作为宴会活动的中心内容。

课堂讨论

1. 如何根据商务宴会的主题，为宴会的菜单设计独特、文雅、有品位的菜品名称？
2. 在对商务主题宴会进行台面设计时，应该考虑哪些设计因素，要遵循哪些步骤？
3. 讨论酒水在商务主题宴会中的主要作用。
4. 在进行商务主题宴会设计时，应遵循哪些原则？

单元小结

通过本单元的学习，使学生能够深刻理解商务主题宴会在酒店企业经营活动中的重要作用，明白进行商务主题宴会设计时应遵循的主要原则。掌握进行商务主题宴会设计的每个具体步骤和方法，能够根据顾客的具体要求和时代特点，设计合理的主题，根据主题设计每个环节的场景布置。最终要能够在团队的协作下，为顾客呈现出主题突出、创意新颖、安排合理、节奏流畅的商务主题宴会。

商务宴会之庆典宴会的布置要求

庆典宴会指企事业机构为庆贺某一典礼活动而举办的宴会，比较常见的有企业周年庆典宴会、开业庆典宴会、毕业欢送宴会、新春联谊会、庆功答谢宴会、颁奖宴会等。一般来说，庆典宴会规模较大，气氛热烈兴奋，人们在共同欢聚的同时，分享着成功的喜悦，表达由衷的祝福与感谢。庆典宴会形式可以活泼多样，既可以在宽阔的宴会厅举行，也可以在室外进行，在室外举办的好处是使宴会更加活泼自由，拉近人们之间的距离。庆典宴会的形式可以多种多样，中餐宴会、西餐宴会、自助宴会、鸡尾酒会等都可以采用。宴会现场可用鲜艳的红色、黄色、橙色、金色等颜色来表现欢庆、喜悦，现场装饰可进行夸张，使客人一进入宴会厅便被包裹在流光溢彩之中，心情骤然开朗、舒畅。庆典宴会一般还会安排讲话、致辞，或者文艺表演，因此事先要布置和装饰好舞台，舞台的背景板通常要用醒目的文字标示出宴会的主题或名称。用餐时，宴会现场还需不间断地播放欢快、喜庆的音乐，以渲染气氛。

考考你

1. 常见的商务宴会有哪些类型？请简述其各自的特点。

2．查阅相关资料，谈一谈当前商务宴会发展的最新潮流与趋势。

3．模拟一场商务宴会，列出商务宴会所用的菜单。

4.4 西餐宴会的设计与策划

一到年底，各公司答谢客户、与客户沟通联谊的酒会和晚宴陆续开始。商务宴会在哪里举办？很多人的答案都是酒店。在传统的观念里，宴会就等于围坐在圆桌旁的觥筹交错，地点当然是选在富丽堂皇的酒店宴会厅或酒楼包间。但是凭借着当今酒店宴会设计人员的创意与构想，你可以把你的商务宴会带到任何你喜欢的地方，从名胜古迹到乡郊野外，还有广场、花园。无论是在北京雄伟壮丽的八达岭长城上，还是在杭州夕阳洒金、风光如画的西子湖畔，酒店的主题宴会策划人员都可以给你带来不一样的商务主题宴会的体验与感受。

◎ 深度学习

4.4.1 西式主题宴会正餐台型设计

西式宴会以中、小型为主，中小型宴会一般采用长台型，大型宴会采用自助餐形式。西式宴会餐桌为长条桌，多是用小方桌拼接而成的。

1．餐桌摆放要求

(1) 必须突出主桌。西式大型宴会需要分桌时，要将主桌定在明显的位置上，餐桌的主次以离主桌的远近而定，右高左低，以客人职位高低定桌号顺序，每桌都要有主人作陪。大型宴会餐桌主桌为长桌，其他餐桌大多采用台面直径为 1.8～2m 的圆桌。

(2) 以右为尊，右高左低。

(3) 近高远低。

(4) 面对大门、观景，背靠主体(主席台)墙面的座位为上等座。

(5) 其他桌的排列应整齐美观，保持桌脚一条线、椅子一条线、花瓶一条线。左右对称，餐台之间的间隔距离不得小于 2m。

2．西式宴会餐桌的基本组合

(1)“一”字行或直线形台型。当来宾不超 36 位时，宜采用直线台型。长桌两头分为方形和圆弧形两种，圆弧形多为豪华型的台型所用。按照西式婚宴的礼节，正、副主人坐在长桌两头，主宾坐在他们的两边。而大型宴会的主桌，主人与主宾坐在长桌的中间，因此不需要选用圆弧形，而选用方头的长条桌。

(2) “U”形台型。当来宾超过 36 位时，宜采用“U”形台型，中央部位可布置花草、冰雕等饰物。适用于主宾的身份高于或平行于主人时。圆弧形部位或方头部位是主要部分，摆放 5 个餐位，便于主宾观看花草、冰雕。

(3) 呈“T”字形或“M”形台型。当来宾超过 60 位时，可摆成“M”形台型。

(4) 呈“口”字形或“回”字形台型。

(5) 鱼骨刺形或梅花形台型。

4.4.2 西式服务方式

1. 法式服务(表 4-2)

表 4-2 法式服务

特点	桌前烹饪	菜肴在厨房进行半加工后，用银盘端出，置于带有加热的餐车上，有服务员当着客人的面进行分切、焰烧、去骨、加调味品及装饰等，完成烹制过程。使客人欣赏到服务员出色的操作表演
	方法各异	每道菜的加工方法不同，如头道菜的冷菜是在现场加调味，搅拌后分到每个餐盆中，一起派给客人；主菜是厨房加工完后在现场进行分割后给客人的；甜品是加工成半成品后，在客人面前进行最后加工完成
	双人服务	首席服务员主要负责“桌前烹饪”，助理服务员负责传菜、上菜、收撤及协助首席服务员等任务。员工技艺精湛；着装规范，穿标准的小燕尾套装，并佩戴白手套
	酒水专司	有专职酒水服务员，使用酒水服务车，按照开胃酒、佐餐酒、餐后酒的顺序依次为客人提供酒水服务
特点	操作程序	除了面包、黄油、配菜外，其他菜肴服务与斟酒或上饮料一律用右手从客人的右侧送上，并右侧收撤。调味汁和配料可从客人左侧进行(但鲜胡椒必须从客人右侧进行)，并要说明调味汁和配料的名称，询问客人调味料放在盘中的位置
摆台	严格按客人所点的菜肴配备餐具，吃什么菜肴用什么餐具。餐具全部铺在餐桌上，右刀左叉，勺与点心叉、勺放在上面，按上菜的顺序从上到下，从外到内摆放，有几道菜点，就上多少餐具刀叉	
优点	源于欧洲贵族家庭与王室的贵族式服务，环境幽雅，设施豪华，讲究礼仪，服务周到，节奏较慢，费用昂贵。能让宾客享受到精致的菜肴，优雅浪漫的情调和欣赏尽善尽美的表演式服务	
缺点	员工能服务的客人较少，服务区域较大，专业要求高，服务进程很费时间	

2. 俄式服务(表 4-3)

俄式服务又称大盘服务或推车服务，用于高档西餐厅零点用餐。

表 4-3 俄式服务

特点	银盘服务	菜肴在厨房烹制好，美观地放入大银盘内并加以装饰，由服务员送到餐厅。服务员左手垫餐巾托起大银盘，右臂下垂，呈优雅姿势进入餐厅。也有一人拿主菜，另一人拿蔬菜，鱼贯进入餐厅
	一人服务	服务员放低左手托盘，向主人客人展示菜肴，同时报出菜肴名称。随后右手拿叉勺，站在客人的左边，先女宾，后男宾，最后是主人依次为客人分派。斟酒、上饮料和撤盘则都在客人右侧操作。服务台应有保温设备，热菜上热盘，冷菜上冷盘
	两次分菜	第一次分菜保证每位客人的菜肴基本相同；保持盘内剩余菜肴的美观。第二次分菜只给需要添加的客人。两次分派完成后，盘内只能剩下少许菜肴，并及时送出餐厅
摆台	采用银质餐具，装饰非常精美（俄国式的摆台和法国式相同）	
优点	源于沙皇宫廷与贵族的豪华服务，讲究礼节，风格雅致，服务周到；表演较少，费用较少，服务效率高，被大多数豪华饭店所采用	
缺点	银质餐具投资较大，当每个客人点不同菜品时，所需的银盘数量较大；最后一位客人只能从余下的不太完整的菜品中择其所好；服务速度较慢	

3. 英式服务(表 4-4)

英式服务又称家庭式服务。

表 4-4 英式服务

特点	私人宴请	起源于英国维多利亚时代的家庭宴请，是一种非正式的、由主人在服务员的协助下完成的特殊宴席服务方式。私人宴请中采用较多
	主人服务	服务员充当主人助手的角色，负责传菜、清理餐台，如撤下空盘，更换公用叉、勺，撤盘等服务。先将装好加过温的空餐盘及在厨房已装好菜肴的大盘，放在男主人面前。由男主人负责肉类主菜、汤菜的切分及饮料酒水的调制；由女主人负责蔬菜、其他配菜与甜点的分配及装饰；然后分到客人盘中，交给站在左边的男服务员分送给客人
特点	客人调味	各种调味汁和一些配菜摆放在餐桌上，由客人自取并相互传递。客人像参加家宴一样，取到菜后自行进餐
优点	家庭气氛活跃，客人感到随意，节省人力	
缺点	家长味道太浓，节奏较慢，客人得到的周到服务较少	

4. 美式服务(表 4-5)

美式服务又称盘式服务，适用于中、低档的西餐零点和宴会用餐。

表 4-5 美式服务

特点	各客装盘	① 厨师根据订单制作菜肴，菜食在厨房内装盆，每人一份，由服务员直接端盘(可采用三盘端盘技巧) ② 小型家庭式宴会，主菜的量上得较少，厨房装盆后多余的主菜，另装在一个大盆中，放在色拉台上让客人吃完后自由添加。色拉由客人在专门色拉台上自由选取

续表

特点	右上右撤	原来遵循菜品左上右撤、酒水右上右撤的原则，为了避免在客人两侧服务过多而打扰客人，现在都改为右上右撤服务
优点	① 服务快速、迅捷、方便，易于操作，不太拘泥于形式，同时可服务更多人。广泛流行于西餐厅和咖啡厅 ② 不需要做献菜、分菜的服务，工作简单易学习，不需要熟练的员工 ③ 不需要昂贵的设备，人工成本低，一名服务员可为数张餐台客人服务	
缺点	缺少表演，没有献菜、分菜与桌边的细腻服务，不是一种亲切的服务方式	

4.4.3 西式主题宴会服务流程设计

知识链接

一次不愉快的晚宴

某年教师节前夕，我们收到某公司送来的请柬，内容是邀请我们在教师节晚上参加公司举办的尊师重教的节日宴请。地点是××宾馆新开业的中餐厅。那天，我们提前做了一番修饰，兴高采烈地准时赴宴。××宾馆的中餐厅装饰豪华，富丽堂皇。迎宾小姐身着紫红色的丝绒旗袍，优雅得体地将我们引导到宴会厅。主人根式像见到老朋友一样热情地欢迎我们。餐桌上餐具的摆放及餐巾纸式样颇具欣赏性，烘托了节日的气氛。

酒席开始，东道主致欢迎词。然后开始上菜，没想到，服务员首先上栗一道热菜，我听到主人问服务员“我们的凉菜呢”，虽有质疑，但主人表情依然愉悦。然而，川菜的先生又送是一道热菜，服务员暂且将其放在餐厅的侯菜台上，大约过了 5 分钟，凉菜还没有送上来，好在我们在聊天。这时，我看到主人脸色开始不悦，让服务员别管凉热尽快摆上桌来，免得冷场。服务员解释并表示道歉说：“今天节日，客人较多，点菜单打印机发生了错误，送错了餐厅，请谅解，对不起！”大家都不愿意破坏气氛，表示理解。这时，主人主动问大家喜不喜欢辣菜，我们说可以，他兴奋地告诉我们有一道美味无比的“香辣蟹”，我们一起称“好！”没想到，我们等啊等，大家几乎都饿了，催了好几遍，这道菜还没上来。主人开始不耐烦了，他让服务员把领班叫来，问询此事。领班到厨房了解情况后才知道，菜单上漏写了这道菜。既没有准备也没有备料，领班请大家再等一会，我们连忙说已经吃得很饱、吃得很好了，既没有准备就退掉吧！主人已经十分恼火，我们看到他一直克制着自己的情绪。最后，我们大家同意每人上一碗汤面，服务员满口答应，但是，直到最后，依然没有满足我们的需求，以一句“我们厨房做不了汤面”为由回绝了。这顿晚餐前后经历两个半小时，菜也没有上完，大家气愤至极。主人也不顾场面，开始和经理理论，虽然经理赔礼道歉时态度诚恳，但经理说得再好，怠慢客人造成的后果，谁能赔偿得了呢?

根据案例请回答：主人三次不悦的原因是什么?

案例分析：主人不悦的原因有三个方面：首先，服务员没有上凉菜而直接上热菜，经问询是由于服务员送错了餐厅；其次，服务员漏写了“香辣蟹”这道菜；最后，饭店无法满足主人为每位客人点热汤面的要求。可见该酒店的服务员质量非常差，平时根本没有对服务员进行服务理论、菜品知识、服务技能、服务流程等方面的培训。无论经理如何赔礼道歉，客人对该酒店的不良印象已经根深蒂固了。

1．西式主题宴会前的准备工作

西式宴会服务程序与中餐宴会基本相似，它包括餐前准备、就餐服务两大环节，具体的准备工作主要有以下 5 个方面。

1）明确任务

宴会部经理应根据本次宴会的规模，配备宴会服务人员，召集服务人员开会，讲解宴会的内容，包括宴会价格，宴请桌数，宾主风俗习惯和禁忌，宾客身份，菜单内容，每道菜的服务方式，上菜顺序，开宴时间，出菜时间，宴会场地，宴会主题，宴会名称，会标色彩，会场布置，席次表，座位卡，席卡，祝酒词，背景音乐，席间音乐，文艺表演，司机及其他人员的饮食安排，宴会程序，会场视听设备(讲话、演讲、电视转播、演出、产品发布)，行动路线(汽车入店的行驶路线、停车地点、主通道、辅助通道)，礼宾礼仪，其他注意事项等。并布置每一位服务人员的任务，提出具体要求，明确服务人员的服务区域。

2）布置宴会厅场地

按照宴会场景设计方案，首先应对宴会场地、过道、楼梯、卫生间、休息室等处进行清扫。其次，认真检查宴会厅内的家具、灯具、视听设备、电器、空调设备是否完好，如有问题，要及时进行修理或更换。最后，按照设计要求装饰舞台、墙面，摆放绿色植物、摆放桌椅，有时还需搭设吧台，用灯光、烛光、色彩和一些装饰物烘托宴会气氛，突出宴会主题。

3）准备开餐的餐具和用具

餐位餐具可根据菜单所列菜点、酒水等准备齐全。对于一般的宴会，每客至少准备三套餐具；而对于较高档的宴会，每客要准备五六套餐具。此外还要额外准备一定数量的备用餐具，备用餐具的数量一般占餐具总数量的 10%。备用餐具应码放整齐，放在工作台上。对于公用物品、台布、鲜花或瓶花、烟灰缸、牙签盅、调味品架、烛台、菜单、椒盐瓶等，一般应按照每 4 位客人一套的标准准备，还要领取酒水、茶、烟、水果，此外，还需准备冰桶。

4）进行西餐摆台(图 4-10)

根据宴会菜单要求和宴会规格摆台。

图 4-10　西式宴会台面布置

5) 全面进行检查

最后，应对宴会场地、餐桌餐椅摆放、视听设备、灯光、厅内温度和湿度、家具摆设、墙壁挂画、舞台背景、餐台上的餐具酒具、工作台上的备用品、宴会厅的出入口、服务人员的仪容仪表进行认真检查。

2. 西式主题宴会就餐服务流程设计

1) 西式主题宴会开宴前的准备工作

(1) 开餐前半小时，相关人员应按照餐单配制鸡尾酒和其他饮料，需冰镇的酒品要按时冰镇好。瓶装酒水要逐瓶检查质量，并擦净瓶身，辅助佐料应按菜单配制，调味瓶应注满放在调味架上，糖缸、奶缸擦净装满。准备好开水和冰水。水果要洗涤干净，需去皮壳的要准备好工具。把准备好的冰桶搬至服务区，整齐摆放在相应位置。由音响师播放客人选好的背景音乐，音量应适宜。

(2) 在水杯内注入相当于杯容量 4/5 的冰水，点燃蜡烛。

(3) 在宴会开始前 10 分钟上齐开胃菜。

(4) 在宴会开始前 5 分钟，要将面包放在面包篮里并摆在桌子上，黄油要放在黄油碟里。

(5) 将餐厅门打开，领位员站在门口迎接客人。

(6) 服务员站在桌旁，并面向门口方向。

2) 西式主题宴会就餐服务流程

【参考视频】

(1) 宴会开始前 15 分钟，宴会部经理应带领一定数量的迎宾员提前来到宴会厅门口迎接客人。当客人到达时，服务员面带微笑，主动打招呼热情地向客人问好，并礼貌地将客人引进宴会厅或休息室。

进入宴会厅后，如客人要脱衣摘帽，服务员要主动接住并挂在衣帽架上或存入衣帽间。按照“女士优先，先宾后主”的原则为客人拉椅，从右侧为客人铺上口布，然后撤下席位卡。

(2) 餐前鸡尾酒会服务。在西餐宴会开始半小时或 15 分钟，通常在宴会厅的一侧或门前酒廊设餐前鸡尾酒会。有服务员用托盘送上鸡尾酒、汽水、饮料等请客人选用，在茶几或小餐台上还要备有干果、鲜果品等鸡尾酒小点以及鲜花。主宾到达时，由主人陪同进入休息室与其他宾客见面，随后由宴会部经理引领客人进入宴会厅，宴会正式开始。

3) 西式宴会正餐就餐服务流程

(1) 服务酒水。当客人准备用开胃菜时，应斟倒开胃酒。如开胃菜是鱼类菜肴，就斟倒白葡萄酒。

(2) 服务开胃菜。服务开胃菜时，应从客人的右侧为客人上菜。先给女宾和主宾上菜。客人全部放下刀叉后，应询问客人是否可以撤去餐盘。得到客人允许后，从主宾开始，在每位客人右侧用右手将盘和刀叉一同撤下。

(3) 服务汤。将汤碗放在汤碟上面，从客人的右侧上汤。上汤的顺序是先女宾、后男宾、再主人。

(4) 上海鲜、鱼类菜肴前应先主人为客人斟倒白葡萄酒，然后再上菜。宾客吃完海鲜、鱼类菜品后要撤下餐盘、副菜刀叉及酒杯。

(5) 服务红葡萄酒或香槟酒，应先请主人试酒，主人满意后，根据“女士优先，先宾后主”的原则从客人右侧按顺时针方向进行服务。酒应斟倒至酒杯容积 1/2 处。斟完酒后，将酒连同酒篮一起轻放在距餐桌最近的服务台上，瓶口不可指向客人。

【参考视频】

(6) 服务主菜。服务主菜时，应从客人右侧为客人上主菜，紧跟主菜一起上桌的还有色拉和沙司。待客人全部放下刀叉后，应上前询问客人是否可以撤盘，得到允许后，从客人的右侧将盘和刀叉一同撤下。

(7) 上沙拉。水果沙拉常排在主菜之前，素沙拉可作为配菜随主菜一起食用，而荤菜沙拉可单独作为一道菜品上桌。

(8) 清台。用托盘将面包盘、面包刀、黄油碟、面包篮、椒盐瓶全部撤下。用服务叉、勺将台面残留物收走。

(9) 服务甜酒或红酒。

(10) 服务甜点、奶酪。先将甜食叉、勺打开，左叉右勺。从客人的右侧为客人上甜点，冰淇淋专用匙应放在垫盘上一同端上桌。待客人全部放下叉后，应询问主人是否可以撤下，得到允许后，将盘和甜食叉、勺一同撤下。

(11) 服务水果。先上水果盘和洗手盅，然后把已经装盘的水果端到客人的面前，请客人自己选用。

(12) 提供白兰地、利口酒的服务。

(13) 服务咖啡和茶。先将糖罐、奶罐在餐桌上摆好。将咖啡杯摆在客人的面前，用新鲜、热的咖啡和茶为客人服务。

宴会茶水服务流程设计：预热茶壶。在茶壶里添加热水进行预热，将茶壶放在托盘上，泡热茶时一般用到两个茶壶。装盘。将奶油、糖放在托盘上，在托盘上立放一只干净的小勺于餐巾上，将餐巾和小碟、杯子放在托盘里，将茶包、柠檬片放在小碟里，再放入托盘，如果自己所在的酒店不使用茶包，应在小碟里准备两种不同的茶叶。添加热水。服务员在另一个茶壶里倒上热水，也可以将第一次预热过的壶清空后，添加热水。将壶放在托盘上，在热水壶下垫一块毛巾，再将热水壶和毛巾放在托盘上，如果选用宽底的陶瓷茶壶，则可以不使用垫布。

服务热茶。将托盘送到桌上，将餐巾和杯子放在桌子上，杯子把手朝向客人右手边，将茶壶和垫布放在茶杯的右边，如果客人自己使用勺，服务员为客人提供一只新勺，将奶油、糖、茶袋和柠檬片摆放在桌上。向茶壶内添加热水。观察客人杯中的茶水，看是否需要添加热水，如茶壶内的水不够，服务员应及时添加茶壶里的热水。

(14) 送客。宴会结束时，服务员要为客人搬开餐椅，然后站在桌旁礼貌地目送客人离开。

(15) 签单结账。宴会接近尾声时，清点客人所用的食品和饮料，核对其他费用并算出总数，交给收银员。收银员核对无误后，及时把账单递给客人，客人核对后签单结账。服务员这时应感谢客人，并说“欢迎下次光临”，同时应征求客人的意见，并认真记录在客人意见簿上。服务员要及时准备好收据交给客人。

(16) 检查现场。当客人离开后，服务员要及时检查宴会厅和休息室有无客人遗留的物品，如有应及时还给客人或交给前台接待。然后继续检查台面和地毯上有无未熄灭的烟头。

(17) 撤台清理现场。按照先清理餐巾、毛巾、金器、银器，然后再关好门窗，收好酒水杯、瓷器、筷子的顺序分类收拾餐台，把每类用具、餐具放在餐车上，送到管事部清洗。贵重物品要当场清点。然后擦净餐台，打扫地面，将陈设归位摆好，关好门离开宴会厅。

(18) 总结归档。征求服务人员的意见，总结宴会服务工作，形成书面材料，与客人意见簿、宴会预订资料、宴会设计资料、服务人员名单、宴会营业收入明细表、特殊情况与信息的处理资料一并归入宴会客史档案。

课堂讨论

1．在对西餐主题宴会进行台面设计时，应该考虑哪些摆放要求？
2．如何根据西式宴会的主题，为宴会的菜单设计独特、文雅、有品位的菜品名称？
3．在西式宴会的正餐服务中，应注意哪几个环节？

单元小结

通过本单元的学习，使学生了解西餐设计与服务，在酒店企业经营活动中起到重要的作用。掌握西式服务种类，能够根据具体顾客需求和接待特点，设计合理主题。在每个团队的协作下，为顾客呈现主题突出、创意新颖、安排合理、服务节奏流畅的西式主题宴会。

刀与叉的种类

刀、叉分为肉类用、鱼类用、前菜用、甜点用，而汤匙除了前菜用、汤用、咖啡用、茶用之外，还有调味料用的汤匙。调味料用的汤匙即是添加调味料时所使用的汤匙，多用于甜点或是鱼类料理。如今所使用的餐具依料理的变化而不断变化。正式西式料理的套餐中，常依不同料理的特点而配合使用各种不同形状的刀叉，并不是一开始就全部摆出来的。说到全套，很容易使人联想到在餐桌上摆满银器的画面，而现在大都是以点用 2～3 道单品料理的方式为主流。所以，在餐桌上摆满银器的正式用餐摆设，可能只能在喜宴上才能看得到。最近，使用一组刀与叉的情况渐多。仅吃 2～3 道前菜的人越来越多，而刀叉也并不随之变换，大都是以一组刀叉接着吃送上的前菜。肉类料理所使用的刀的形状，不论是哪一家餐厅大致上都一样，不过鱼类料理所使用的刀，往往依各餐厅而有所不同。还有的餐厅以调味料汤匙代替鱼类料理用刀。刀叉就像是中国的筷架一样。有时是刀与叉(或汤匙)两只为一组放置在刀叉架上；有时是将刀、叉、汤匙三只为一组，放置在刀叉架上，使刀的刀刃部与叉子的前部不会碰触到桌巾。

知识链接

刀叉的出现比亚洲使用的筷子要晚很多。据游修龄教授的研究，刀叉的起源与欧洲古代游牧民族的生活习惯有关，他们在马背上生活，随身带刀，往往将肉烧熟，割下来就吃。后来走向定居生活后，欧洲以畜牧业为主，面包之类是副食，直接用手拿。主食是牛羊肉，用刀切割肉，送进口里。到城市定居以后，刀叉进入家庭厨房，才不必随身带。由此不难看出今天作为西方主要餐具的刀，与筷子的身份大不相同，它功能多样，既可用来宰杀、解剖、切割牛羊的肉，烧熟可食时，又兼作餐具。

大约 15 世纪前后，为了改进进餐的姿势，欧洲人才使用了双尖的叉。用刀把食物送进口里不雅观，改用叉子叉住肉块，送进口里显得优雅些。叉才是严格意义上的餐具，但叉的弱点是离不开用刀切割在前，所以二者缺一不可。

直到 17 世纪末，英国上流社会开始使用三尖的叉，到 18 世纪才有了四个叉尖的叉子。所以西方人刀、叉并用只不过才四五百年的历史。

考考你

1. 西式主题宴会正餐台型设计有哪几种?
2. 简述西式服务的种类。
3. 西式主题宴会服务流程包括哪些步骤?
4. 设计一台西式宴会台面，包括西餐宴会台面创意设计、菜单设计、餐巾折花、西餐宴会摆台、斟酒。

4.5 自助餐宴会的设计与策划

自助餐的由来

在中国，有人笑称吃自助餐的最高境界是扶着墙进，扶着墙出，意思是饿着肚子到餐厅，在规定时间内把自助餐的“人头费”吃到够本再捧腹回家。自助餐这种起源于西餐的就餐方式，受到了极大的欢迎。厨师将烹制好的冷、热菜肴及点心陈列在餐厅的长条桌上，由客人自己随意取食，自我服务，十分方便，十分舒适。

自助餐距今有一千多年的历史，它的诞生具备典型的北欧风情，与海盗的生活，也就是维京人的生活密不可分。维京人又被称为“北欧海盗”，生活在一千多年前的北欧，即今天的挪威、丹麦和瑞典。当时欧洲人将他们称为 Northman，即北方来客。维京是他们的自称，在北欧的语言中，这个词语包含着两层意思：首先是旅行，然后是掠夺。维京人以卓越的航海技术先后到达欧洲各地，过着买卖商品或掠夺的生活，他们不但在北海、波罗的海劫掠横行，更一度骚扰英国、殖民美洲，远航的足迹遍及整个欧洲。

西元 789 年，一伙维京海盗洗劫了英国的多赛特郡，这是维京海盗首次染指英格兰。因为以前不曾受到侵扰，所以这里物资极其丰富，海盗们获得了巨额的财富。这一天，海盗头领决定庆祝一番，准备举办盛大的宴席，犒劳 26 艘海盗船上的兄弟。

负责后勤保障的伙夫们紧张忙碌起来：因为有几百人同时进餐，伙夫们干脆改用大锅做菜。他们按照传统的送餐方式，菜一道一道上。可不一会矛盾就出现了，上菜的速度根本赶不上海盗们吃饭的速度，菜上了一道光一道，海盗们开始骂起来。

伙夫们不是海盗的对手，但他们也有办法，干脆“罢工”。海盗们性格粗野，见没人上菜，干脆自己打开了后厨门。看到一锅锅准备好的菜他们不管三七二十一，自己拿着餐具想吃什么就拿什么，反而吃得更加尽兴。

海盗头领是个聪明人，他看到这一幕，立刻想到，以后掠夺收获越来越多，聚餐的机会也会越来越多，以后不如每次聚餐时都多做一些，同时减少烦冗的用餐礼节和规矩，众弟兄随意取食。这样一来就不会因为菜上得慢，或是好菜分不均而打架了。他立即找来伙夫，交代以后聚餐就照此办法，并将这种聚餐方式命名为“便餐”，意为随便可以吃的意思。就这样，自助餐的雏形就诞生了。因为这种吃法既能防止打架，又十分便捷，因此很快在海盗中流传起来。后来，海盗们上了岸，经常在餐馆中聚餐，他们依然讨厌那些用餐礼节和规矩，只要求餐馆将他们所需要的各种饭菜、酒水用盛器盛好，集中放在餐桌上，他们便肆无忌惮地畅饮豪吃，吃完不够再加。

其后，热衷于沙龙聚会的法国波旁王室推广了这种“便餐”形式，将原本“草莽”的聚餐方式转变为上流社会的时尚。第二次世界大战时，自助餐形式被引入美军后方驻地的军用食堂，后来在社会上流行开来，并渐渐得名为“自助餐”。

◎ 深度学习

4.5.1 自助餐的文化礼仪

自助餐有时也称冷餐会，它是目前国际上所通行的一种非正式的西式宴会，在大型的商务活动中尤为多见。其具体做法是，不预备正餐，而由就餐者自作主张地在用餐时自行选择食物、饮料，然后或立或坐，自由地与他人在一起或是独自一人用餐。自助餐之所以被称为自助餐，主要是因其可以在用餐时调动用餐者的主观能动性，由自己动手，自己帮助自己，自己在既定的范围之内选用菜肴。至于它又被叫作冷餐会，则主要是因其提供的食物以冷食为主。当然，适量地提供一些热菜，或者提供一些半成品由用餐者自己进行加工，也是允许的。

知识链接

自助餐的发展

自助餐(buffet)是起源于西餐的一种就餐方式。厨师将烹制好的冷、热菜肴及点心陈列在餐厅的长条桌上，由客人自己随意取食，自我服务。

相传这是海盗最先采用的一种进餐方式，至今世界各地仍有许多自助餐厅以“海盗”命名。这种特殊的就餐形式，起初被人们视为是不文明的现象，但久而久之，人们觉得这种方式也有许多好处，对顾客来说，用餐时不受任何约束，随心所欲，想吃什么菜就取什么菜，吃多少取多少；对酒店经营者来说，由于省去了顾客的桌前服务，自然就省去了许多劳力和人力，可减少服务生的使用，为企业降低了用人成本。因此，这种自助式服务的用餐方式很快在欧美各国流行起来，并且随着人们对美食的不断追求，自助餐的形式由餐前冷食、早餐逐渐发展成为午餐、正餐；由便餐发展到各种主题自助餐，如情人节自助餐、圣诞节自助餐、周末家庭自助餐、庆典自助餐、婚礼自助餐、美食节自助餐等；按供应方式，由传统的客人取食，发展到客前现场烹制、现烹现食，甚至还发展为由顾客自助食物原料，自烹自食的“自制式”自助餐。真可谓五花八门，丰富多彩。

随着西餐传到中国以后，自助餐的就餐方式自然随之带到我国。这种就餐方式最早出现在 20 世纪 30 年代外国人在中国开的大饭店里，但它真正与中国老百姓的接触，是在 20 世纪 80 年代后期，随着中国对外开放，新兴的旅游合资宾馆、酒店将自助餐推广到我国大众化餐饮市场，自助餐以其形式多样，菜式丰富，营养全面，价格低廉，用餐简便而深受消费者的喜爱，尤其受青年、儿童的青睐。自助餐以其独特的魅力正在逐渐兴旺起来。

4.5.2 自助餐菜品的设计

自助餐菜品以清爽、悦目、制作简便、适应面广、方便取食为主要要求。研究和把握自助餐菜品特点要求，是科学、合理制定自助餐菜单的前提。

色彩悦目，搭配和谐的自助餐菜点均直观陈列于餐台，在消费者观赏认可后，才会取食。因此，自助餐菜点必须靓丽、悦目、富有光泽、色彩丰富、搭配和谐。

【参考视频】

1．以突出自然色为主，给消费者清新质朴之感

自然色即来自于原料自身的色彩、色泽。绿色茎类、叶类蔬菜，色彩艳丽、营养丰富的蔬菜，如彩椒、西红柿、心里美萝卜等加工烹制得法，成品翠绿诱人。若能通过清洗、杀菌处理，直接用作色拉等生食，其营养、色彩都是最佳的。动物性原料，如虾、蟹一些贝类等烹调恰到好处，同样让人眼馋。

2．合理搭配原料，美化菜点

单一原料可以使菜点显得整齐、清爽，而合理搭配、组合原料，更能使成菜色彩丰富，悦目宜人。比如尖红椒炒土豆丝、荠菜烧豆腐羹、西兰花炒生鱼片等等，不仅克服单一原料使成品色彩单调的不足，而且使成菜增添了生机和活力。自助餐菜点更要合理地进行色彩组合，餐台才会色彩纷呈，给就餐客人美不胜收之感。例如热菜餐台有碧绿的豉油炝芥蓝，有金黄的咖喱牛肉，有艳红铮亮的丁香排骨，有红、绿相间的红尖椒炒荷兰豆。

3．科学烹制菜点，创造诱人色泽

菜点原料本身色彩欠佳，通过添加适当品种和数量的调料，再经过精心烹调，准确把握火候，成品会显得色泽明亮，芳香诱人。比如糖醋排骨、东坡香肉烧到恰到好处时，汁稠味厚，酱红光亮，芳香四溢。金陵片皮鸭、金红化皮猪焙烤到位，色泽映红，隽香可人。

4．营养搭配，均衡全面

自助餐菜点品种丰富，种类齐全，为消费者提供了均衡的营养膳食。在菜单制定及菜点组合配备上，应注意以下几点。

1）应有富含各种人体需要的营养素的菜点品种

人体所需的营养素主要有蛋白质、脂类、糖类、矿物质、维生素等，有的原料蛋白质含量丰富，如大豆类制品、鱼、虾产品、动物肉类；有的原料富含维生素，如色彩艳丽的时鲜果蔬等。自助餐菜点应包含各种富含营养的菜点，如肉类、水产、蛋类、豆制品、果蔬、面食米饭类食品，不可都是面食，也不必都是牛、羊肉。能有些海产品、菌类原料制作的菜点，使营养更加全面。许多饭店的自助早餐，往往只提供面点、粥、酱菜类食品，缺少绿色蔬菜、时鲜水果；或缺少动物蛋白，即肉类食品，这往往使就餐者难以获得全面的营养。

2）烹调方法和味应丰富多彩

自助餐菜点既要有富含不同营养素的原料，同时各种原料的烹制方法，成品口味、质地特征还要丰富多彩，这样才能使消费者真正选择到既满足自身营养要求，又符合自己口味的菜点。比如生蚝，蛋白质丰富，用于生吃鲜嫩无比，但自身腥味和滑嫩的质地又使好多人不能接受；牛肉酥烂味浓，虽有大量动物蛋白质，但喜欢肉质鲜嫩的德国消费者也未必喜食。再如，时鲜蔬菜是提供人体维生素的主要来源，用作色拉、生拌食用，营养损失最少；用作烫灼，现灼现食，维生素破坏也较少；若炒后装盘，再待自助餐消费者慢慢取食，则维生素损失严重。但若片面追求营养素的保全，制作的菜点不能适应自助餐就餐客人的口味需求，同样也是徒劳的。

3）原料运用的刀工恰当，切割成形整齐如一

区别原料性质，选用不同的刀工技法，以保证经过刀工处理的原料均匀整齐。原料切割后，成形可以是块、段、条、丝、丁、粒等，但同一菜点里的原料必须同一形状、同一大小。这样有几个好处：①美观，食用者爱看、爱吃，透过整齐划一的原料，可以认定饭店厨艺高超；②便于菜肴烹制入味和成熟一致；③方便客人取食。

4）装盘造型美

自助餐菜点都是集中、分类装盘，供客人零散取食。每单位的菜点数量都比较多，因此装盘更应注意美观、诱人。无论是将菜点装入玻璃碗、木钵、银盘，还是保温汤炉、保温平底锅，固体菜点都应做到饱满、匀称，排列整齐，方便客人取食；比如蒜香排骨、香煎小黄鱼、贝茸炖水蛋等都应整齐码放，切不可乱堆、空架。液体菜点、甜品，如西湖牛肉羹、番茄鸡蛋汤、赤豆元宵等，首先应装入深底的汤锅、汤钵，同时应注意不可太满或太浅，以防取食时不小心溢出；或还未取食，勺即触底，使客人感觉不悦。

知识链接

自助餐菜谱推荐

各种自助餐虽然表面看没什么大的差别，但实际上还是各有不同。根据标准的不同，档次也有很大的不同。但一般自助餐的布置、用料及菜品的种类大多是西餐中的焖、烩、煮类菜肴，再配上些沙拉、面包、甜点、饮料作为辅助。

头盘为开胃品，基本上是具有特色风味的咸、酸为主的菜。

第二道菜是汤，包括浓汤、茸汤和清汤。第三道菜一般为鱼类菜肴，餐厅档次的高低都能从这道菜开始明显体现。这里包括各种淡水鱼、海水鱼、贝类，一般档次较高的餐厅，鱼类菜肴以空运进口为多。

肉禽类菜肴是第四道菜，也称为主菜。有牛、羊、猪肉，也有鸡、鸭、鹅，可煮、可炸、可烤、可焖。牛排、羊排等肉禽的新鲜度和烹调口味也同样体现自助餐厅的档次和功底。蔬菜类菜肴一般安排在肉类菜肴之后，也可以与肉类菜肴同时食用，品种有生菜类，也有熟食类。

西餐的甜品一般是在主菜之后食用的，如果冻、薄饼、冰淇淋、水果等。特别要说的是，高档餐厅的烧菜比重较少，甚至没有，有些餐厅会安排厨师现场制作一些烤、烧类菜品，客人现点现食，以保证火候和新鲜程度。

4.5.3 自助餐台型设计与策划

自助餐台也叫食品陈列台，可以安排在宴会厅中央或靠某一墙边，也可放于宴会厅一角；可以摆一个完整的大台，或由一个主台和几个小台组成。自助餐台的安排形式多样、变化多端。

1．常见的自助餐台设计

(1)“I”形台。即长台，是最基本的台型，常靠墙摆放(图 4-11)。

图 4-11　自助餐宴会现场

(2)“L”形台。由两个长台拼成，一般放于餐厅一角。

(3)“O”形台。即圆台，通常摆在餐厅中央。

(4) 其他台型。根据场地特点及宾客要求可采用长台、扇面台、圆台、半圆台等拼接出各种新颖别致、美观流畅的台型。

2．自助餐台设计要求

【参考视频】

(1) 在餐台的设计布置方面，通常可以选定某一主题来发挥。譬如以节庆为设计主题(例如，在圣诞节时便以营造圣诞气氛为出发点来布置)，或取用主办单位的相关事物(例如产品、标识等)来设计装饰物品(如冰雕等)，均可使宴会场地增色不少。自助餐台要布置在显眼的地方，使宾客一进入餐厅就能看见。自助餐台不应让宾客看见桌腿，可铺台布并围上桌裙或装饰布。

(2) 菜肴的摆设应具有立体感，色彩搭配要合理，装饰物品的摆放要错落有致。可在自助餐台中央摆放大型装饰物，再选用一些小型的装饰品，如鲜花植物、小工艺品等，巧妙地安排在菜肴之间，但不要过于拥挤。

(3) 菜色必须按规矩来摆设。例如，冷盘、沙拉、热食、点心、水果等应依顺序排好。如果宴会场地够大，可再细分成沙拉冷盘区、热食区、切肉面包区、水果点心区等。

(4) 自助餐台必须设在客人进门便可容易看到，且方便厨房补菜之处。另需考虑其摆设地点应为所有客人都容易到达而又不阻碍通道的地方。

(5) 在来宾人数很多的大型宴会中，可以采用一个菜台两面同时取餐的方法，最好是每150～200位客人可以共享一个两面取菜的菜台。这样可以节省排队取菜的时间。

(6) 设置自助餐台的大小要以宾客人数及菜肴品种的多少为出发点，并要考虑宾客取菜的人流方向，避免拥挤和堵塞。

(7) 餐台的灯光必须能够配合现场气氛，否则摆设的再漂亮的菜肴也无法显现其特色。尤其是冰雕部分更需要用不同颜色的灯光来照射，可用聚光灯照射台面，但切忌用彩色灯光，以免使菜肴改变颜色，从而影响宾客食欲。

把菜肴按照类别分为切肉区、沙拉冷盘区、热菜区、汤区、通心粉区、点心区。安排在宴会厅左右两边。在热菜区与冷菜区之间用冰雕装饰隔开。在舞台正前方摆放主桌，正对宴会厅大门，形成主通道。在主通道两侧分别摆放餐桌，横竖对齐。客人一进宴会厅门就可以看到菜肴区域，取菜肴后就可以到餐桌旁落座，非常方便，同时也便于后面的客人取菜，避免拥挤。

4.5.4 自助餐摆台服务流程设计

1．中式自助餐摆台(图4-12)服务流程设计

(1) 自助餐餐台铺台布的方法与中餐宴会相同。

(2) 一般自助餐的餐盘都摆在餐台上，所以餐台的桌面不摆放餐盘，只摆放餐巾花即可。摆放餐巾花时，应从主人位开始依次摆放餐巾花，将其摆放在离桌沿3～4cm处。

(3) 应将小味碟摆放在餐巾花正上方8～10cm处，以能放上一个大餐盘为宜。筷架摆放在餐巾花及小味碟中间右侧约5cm处。在筷架上左边摆放汤勺，右边摆放筷子。

图 4-12　西餐自助摆台

(4) 应将水杯摆放在味碟正上方 5～6cm 处，将葡萄酒杯摆放在水杯右下方，将白酒杯摆放在葡萄酒杯右下方。三套杯子间隔 1cm 且必须摆放在筷子内侧。

(5) 盐瓶、胡椒瓶、牙签筒按 4 人一套的标准摆放在餐台插花的两边。烟灰缸分别摆放在主人和副主人位的正前方。

(6) 在餐台正中央摆放花瓶插花、花篮或其他装饰品，高度约为 30cm，以不遮挡对面客人的脸部为宜。

(7) 摆放餐椅。中式自助餐宴会一般设座，将餐椅摆放在圆桌周围，且保证间距相等并正对餐位。同时，餐椅的前端要与桌边平行，台布不可盖住椅面，餐桌边应恰好触及台布下垂部分。人数不同，餐椅的摆放位置也不同。

(8) 全面检查餐台是否符合摆台标准。

2．西式自助餐摆台服务流程设计

【参考视频】

首先应在餐台上摆放餐盘，小型自助餐宴会在自助餐餐台的两头各放一摞餐盘，大型宴会分几处摆放餐具，以分散客流。餐盘是根据菜点的品种来选定的。应在餐盘后面摆放保温锅、汤锅、蒸锅，垫底盘、口汤碗应放在汤锅旁边，再将 7 寸盘放在点心台上。还应在水果盘、蛋糕边适量放一些水果叉和咖啡勺。如果不设座，还应摆放相应的主餐刀、叉，甜品刀、叉、汤勺、牙签等。在每个餐盆前都应摆放一副取菜用的公共叉、勺或餐夹，供客人取食时使用。

(1) 铺台布。铺台布的方法与西餐正餐宴会相同。

(2) 摆放餐具。用折好的餐巾花定位，从主人位开始依次摆放餐具。餐巾花左侧摆放正餐叉，餐巾花右侧摆放正餐刀，在餐巾花右上方摆放饮料杯、葡萄酒杯、烈酒杯，三套杯子相隔 1.5cm。三套杯子成斜直线排列，与桌边成 45° 角。

(3) 两个烟灰缸分别摆放在主人及副主人位的正前方，两组胡椒盐盅及牙签盅应摆放在餐桌插花的两边。

(4) 在餐台正中央位置摆放花瓶插花、花篮或其他的装饰物品，高度约为 30cm，以不遮蔽对面客人脸部为宜。

4.5.5 自助餐服务流程设计

1．准备工作

(1) 服务员准备摆台需用的各类用品，如台布、台裙、主盘、甜食盘、汤碗、服务用叉勺、自助餐炉、酒精、装饰品等，要求清洁干净、齐全。

(2) 根据宴会的预订人数，摆放与之相应的宴会台面，并按西餐规格进行摆台。

(3) 开餐前半小时，开始上菜。

① 摆放保温炉，并在保温炉内添加开水，开餐前 20 分钟点燃酒精燃料；

② 准备冰镇盒内的冰块和特别食品所配的酱汁；

③ 摆放口布叠制的莲花座、花垫纸及取食品配套的叉子和勺子；

④ 打开餐盘加热机，并准备足量的餐盘。冷菜区及甜品区应准备足量的沙拉盘；

⑤ 参照厨师所列出的菜单，在各种菜品前摆上相应的菜卡。

2．迎接客人

(1) 宴会开始前 10～15 分钟，迎宾员站在门口迎接客人。

(2) 客人到达后，主动向客人问好，并在客人右前方引领其入座。

3．上餐前饮品

(1) 客人进入餐厅后，服务员应为其拉椅、让座，客人坐下后从右侧为客人铺上餐巾。

(2)询问客人需要何种酒水，按客人要求送上酒水，并报出酒水的名称。

4．开餐服务

(1) 宴会开始后，服务员打开保温炉盖。若客人不多时，可适当将保温炉盖上，以免食品变干、变凉。

(2) 客人取菜时，为客人递上干净的碟子；主动使用服务叉勺为其服务。遇有行动不便的客人，应征求意见，为其取来食物。

(3) 巡视服务区域，随时提供服务，发现客人要抽烟时，应迅速为其点烟。若发现烟灰缸内有两个以上烟蒂时，要及时更换。

(4) 随时撤去台上的空盘，客人吃甜品时要及时将桌上的餐具撤去。

(5) 整理食品陈列台，以保持台面的清洁卫生，并及时补充陈列台各区的餐盘，沙拉、甜品区要摆放冷的盘子。

(6) 及时补充陈列食品，要求菜盘不见底，即少于 1/3 时要及时补充，以免后面的客人觉得菜肴不丰富。

(7) 留意酒精燃烧状况，熄灭时要及时更换，并随时整理菜盘中的食品，保持整洁美观。

5．上咖啡或茶

(1) 客人开始吃甜食时，服务员将糖盅、奶罐准备好，摆在桌上。

(2) 询问客人用咖啡还是茶，然后拿新鲜的热咖啡或茶为客人服务。

6．送别客人

(1) 宴会结束，服务员要为客人搬开餐椅，然后站在桌旁礼貌地目送客人离开。

(2) 客人走后，服务员检查座位和台面上是否有客人的遗留物品。若有，应及时归还客人。

(3) 将各种菜品收回厨房，并将餐具送洗碗间清洗；清洁宴会厅，重新摆台，使其恢复原样。

(4) 按照出席宴会的客人数和自助餐宴会标准，计算消费总额，准确无误地填写账单。交给收款台，核对无误后，交给客人。客人签单结账后，服务员要表示感谢，并征求客人意见，及时把收据交给客人，最后对客人表示欢迎下次光临。

7．归档总结

征求服务人员意见，总结宴会的服务工作，形成书面材料，并同客人意见及其他相关资料一起归入档案，以备日后查询。

单元小结

通过本单元的学习，使学生了解自助餐的起源以及用餐礼仪，掌握自助餐菜品设计、摆台设计的原则及方法，能够独立设计主题自助餐宴会，能够按照预定的要求进行自助餐服务设计。

鸡尾酒会

餐前鸡尾酒会。在宴会开始前举行，目的是便于宾客相互之间的认识与交流。时间一般在45分钟左右。

餐后鸡尾酒会。西方宴会在用餐时不谈有关工作上的事情，要谈工作的客人可在餐后鸡尾酒会进行交谈。

纯鸡尾酒会。可在任何时间、地点举行，酒水、食品可简可繁，简单的酒会可能只提供一杯饮料，时间可在半小时左右；而复杂的酒会，单食品就有20～30种，时间可在两小时左右。

考考你

1. 简述自助餐菜品设计的要点。
2. 简述自助餐的服务流程。
3. 请撰写以某企业年会为主题的大型自助餐宴会策划方案。

【本章小结】

本章介绍了常见宴会的基本知识，明确婚宴、生日宴、商务宴会、西餐宴会、自助餐的设计与策划流程。针对不同的宴会类型，分析了宴会的特点和作用，进一步阐述宴会的设计技巧和注意事项。

【知识回顾】

1. 简述婚宴设计的注意事项。
2. 简述生日宴的设计方法。
3. 简述商务宴会的特点。
4. 简述西餐宴会设计的流程。
5. 简述自助餐宴会餐台摆放的技巧。

【体验练习】

到你所在城市的一家星级酒店或庆典公司，跟进一场主题宴会，通过全程观察之后，对这场宴会进行科学合理的评价。

附录　宴会服务英语

(一) 中译英

1．这是西餐厅，能为你服务吗？

(Western Restaurant. May I help you?)

2．您来点俱乐部三明治吗？

(Would you like Club sandwich?)

3．您的牛排是要全熟的还是三分熟的？

(Would you like your steak well done or rare?)

4．我想来一杯加冰的威士忌。

(I'd like a cup of whisky on the rock.)

5．您要甜点吗？

(Would you like to order a dessert?)

6．你们有什么样的馅饼？

(What kinds of pie do you have?)

7．先生，您还要点什么吗？

(Would you like anything else, sir?)

8．请问现在可以结账了吗？

(May I make out the bill for you now?)

9．您准备把费用记到您的饭店总账上吗？

(Would you like to put that on your hotel bill?)

10．对不起，您不能在这里签单。

(Sorry, you can't sign the bill here.)

11．您早餐想吃点什么？

(What would you like to have for your breakfast?)

12．你们的大陆式早餐都提供些什么？

(What do you serve for Continental breakfast?)

13．我想坐在角落里的那张桌子，你能给我安排一下吗？

(I'd prefer the table in the corner. Can you arrange it for me?)

14．请问您怎么付钱？

(How would you like to make your payment?)

15．晚餐要不要来点葡萄酒？

(Would you like to have some wine with your dinner?)

16．能不能给我们推荐点好的酒？

(Could you recommend some good wine to us?)

17．您需要看菜单吗？

(Would you like to see the menu?)

18．我可以点与那份相同的餐吗？

(Can I have the same dish as that?)

19．您先来点什么？

(What would you like to start?)

20．坐出租车从酒店到机场大约需要 30 分钟。

(It will take 30 minutes by taxi from hotel to the airport.)

21．我们有一瓶保存了 20 年的葡萄酒。

(We have a bottle of wine that has been preserved for twenty years.)

22．茅台酒的酒精度数要比黄酒高。

(Mao Tai is much stronger than shaoxing rice wine.)

23．先生，这是酒单，请慢慢看。

(Here is the drink list, sir. Please take your time.)

24．等一会我会回来为您点单。

(I'll return to take your order in a while.)

25．非常抱歉，还有什么可以为您效劳？

(I do apologize. Is there any thing I can do for you?)

26．酒吧里有表演，您愿意去看吗？

(There is a floor show in our bar. Would you like to see it?)

27．酒吧现在客满，请稍等约 20 分钟好吗？

(The bar is full now. Do you care to wait for about 20 minutes?)

28．我们供应很多种饮料，请自便。
(We serve many kinds of drinks. Please help yourself.)
29．您不介意把餐桌一边的窗户打开吧？
(Would you mind opening the window by the table?)
30．如果您不介意，我们可以为您看管行李。
(If you don't mind, we can take care of your baggage for you.)

(二) 英译中

1．Would you like your steak well done or rare?
(您的牛排是要全熟的还是三分熟的？)
2．Two ounces scotch on the rocks, please
(要一杯两盎司加冰的苏格兰酒。)
3．I'd like a cup of whisky on the rock.
(我想来一杯加冰的威士忌。)
4．If you need ice cube,please contact Housekeeping.
(如您需要冰块，请与客房中心联系。)
5．You can try our new Thai style food.
(您可以尝试一下我们新推出的泰国菜。)
6．You can book the tickets in the business center.
(您可以在商务中心订票。)
7．Is there a Muslim restaurant nearby?
(附近有清真餐厅吗？)
8．I would like a cup of tea with a slice of lemon, please.
(我想要一杯柠檬茶。)
9．The Reception Desk is straight ahead.
(接待处就在前面。)
10．What would you like to go with your steak?
(您的牛排配什么菜呢？)
11．Excuse me, could you tell me the way to the Great Wall?
(你能告诉我怎么去长城吗？)
12．You can go to the railway station by subway.
(您可以坐地铁去火车站。)
13．It is about 20 minutes' drive from Tiananmen Square to the National Stadium.
(开车从天安门到国家体育馆大概二十分钟。)
14．Here is the menu and the wine list. Would you like to order an aperitif?
(这是菜单和酒水单。您要先来点开胃酒吗？)
15．Do you fancy a starter?
(您喜欢来点餐前小吃吗？)
16．Could you tell me how to use chopsticks?
(您能告诉我怎么用筷子吗？)

17．By the way,what is this thing under the chopsticks?
(顺便问一下，筷子底下的东西是什么？)
18．I've never had any food as delicious as this.
(我从没吃过这么鲜美的菜肴。)
19．Would you like to see our cake selection?
(您要看看我们蛋糕的种类吗？)
20．Have you decided on anything,Madam?
(太太，您决定点什么菜了吗？)
21．Would you like a table,near the bar or by the window?
(你是坐在吧台旁还是坐在窗口旁？)
22．Here are some peanuts,and they are free.Please enjoy.
(这是你的免费花生米，请享用。)
23．Two ounces scotch on the rocks,please.
(要一杯两盎司加冰的苏格兰酒。)
24．A glass of whiskey,half and half.
(一杯威士忌，一半水，一半酒。)
25．I'd like to try some Chinese spirits.
(我想品尝一下中国的白酒。)
26．Cocktails are available,such as Martini,Manhattan,Gin & Tonic.Which do you prefer?
(我们有各种鸡尾酒，如：马丁尼、曼哈顿、杜松子酒。您要哪种？)
27．Please bring me a pot of hot coffee.
(请给我一壶热咖啡。)
28．Do you honor this credit card?
(你们接受这张信用卡吗？)
29．I'd like a glass of whiskey,straight up.
(来一杯威士忌，纯饮。)
30．A 10% service charge has been added to the total.
(总费用中加收了 10%的服务费。)

(三) 简答

1．Can you tell the four basic methods to make cocktail?
[They are shake (摇和法)，stir (调和法)，build (兑合法) and blend (搅和法)。]

2．What is cognac?

(Cognac is a brandy distilled in the town of Cognac, France. All cognac is brandy but not all brandy is cognac.)

3．What is your own opinion towards tips? Please state your idea in your own words.

(I think tips mean that the guest is satisfied with my job and service.And I know it is quite common in Western countries to accept tips from a guest.Therefore,I won't refuse tips.But before accepting tips,I should confirm the payment of service with my guest,in case of any misunderstanding or miscalculations.)

4. What does “Dry”mean?

(As for Wine, “Dry”means “not contain any sugar”. As for Jin and Beer, “Dry”means “strong”.)

5. When the guest orders the beef steak,what do you have to pay attention to?

(I would ask how the guest would like it done: well done or rare.)

6. If a foreign guest comes to ask for suggestions about Chinese food, and he/she would like something hot and spicy,what kind of dish would you recommend?

(There are four major Chinese cuisines, or say, four styles.Each cuisine is distinctive with its own style and flavor.As the guest prefers something hot and spicy, I’d recommend Sichuan dishes are hot and spicy. Mapo Tofu and Yu-Shiang Shredded Pork are worth trying.)

7. If the guest comes to the Western Restaurant for Chinese food, what would you do?

(First I would say sorry and tell the guest that we are Western Restaurant which only serves western food. If the guest insists on Chinese food, I will tell him where to go to have Chinese food.)

8. If the restaurant is full when the guest comes, what would you say to the guest?

(I would say “we are very sorry, but there is no seat available at the moment.

Could you please just wait for a moment?”)

9. If the guest takes out his cigarette and starts smoking in a non-smoking area in the restaurant, what would you do?

(I would go to him and politely tell him that this is a non-smoking area and tell him that he can go to the smoking area.)

10. While you are on duty.What would you say if the guest invites you to a drink?

(I would tell him that I am working. So I’m not supposed to accept the guest’s invitation.But I would thank him all the same.)

参 考 文 献

[1] 陈金标．宴会设计[M]．北京：中国轻工业出版社，2006．
[2] 王秋明．主题宴会设计与管理实务[M]．北京：清华大学出版社，2013．
[3] 叶伯平．宴会设计与管理[M]．3版．北京：清华大学出版社，2012．
[4] 丁应林．宴会设计与管理[M]．北京：中国纺织出版社，2008．
[5] 刘根化，谭春霞，郑向敏．宴会设计[M]．重庆：重庆大学出版社，2009．
[6] 周妙林．宴会设计与管理[M]．南京：东南大学出版社，2012．
[7] 刘澜江，郑月红．主题宴会设计[M]．北京：中国商业出版社，2013．
[8] 周泽智．高端婚礼宴会创意与设计[M]．北京：东方出版社，2014．
[9] 周妙林．菜单与宴席设计[M]．北京：旅游教育出版社，2014．
[10] 王秋明．主题宴会设计与能力实务[M]．北京：清华大学出版社，2013．
[11] 王珑，郑向敏．宴会设计[M]．上海：上海交通大学出版社，2014．
[12] 周秒林．宴会设计与运作管理[M]．南京：东南大学出版社，2014．
[13] 李晓云，焉赫．宴会策划与运行管理[M]．北京：旅游教育出版社，2014．
[14] 茅建民．主题筵席设计与制作[M]．北京：中国轻工业出版社，2012．
[15] 王晓强，陈景震．宴席设计与配菜制作[M]．北京：中国财富出版社，2012．
[16] 徐文苑，刘菊．餐饮服务与管理任务教程[M]．北京：中国铁道出版社，2012．
[17] 吕红环，吕孝虎．餐饮经营与管理[M]．浙江：浙江大学出版社，2011．
[18] 梭伦．宴会设计与餐饮经营管理[M]．北京：中国纺织出版社，2009．
[19] 周宇，颜醒华，钟华．宴席设计实务[M]．北京：高等教育出版社，2011．
[20] 王利荣．中餐宴会服务[M]．北京：高等教育出版社，2013．
[21] 平文英，周颖．餐厅服务实务[M]．北京：经济管理出版社，2014．
[22] 肖颏，餐厅服务与管理[M]．北京：中国财富出版社，2015．
[23] 李晓云，鄢赫．宴会策划与运行管理[M]．北京：旅游教育出版社，2014．
[24] 王珑．宴会设计[M]．上海：上海交通大学出版社，2011．
[25] 丁应林．宴会设计与管理[M]．北京：中国纺织出版社，2009．
[26] 刘勇．餐饮服务与管理[M]．北京：化工业出版社，2013．
[27] 郭旦华，章熠．餐饮服务与管理[M]．北京：中国财富出版社，2014．
[28] 马开良．餐饮服务与经营管理[M]．北京：旅游教育出版社，2014．
[29] 王生平．餐饮经理365天超级管理手册[M]．北京：人民邮电出版社，2013．
[30] 黄礼中，阎晓文．餐饮店管理工具箱[M]．北京：机械工业出版社，2012．
[31] 冯飞．餐饮服务与管理一本通[M]．北京：化学工业出版社，2012．
[32] 赵庆梅．餐饮服务与管理[M]．上海：复旦大学出版社，2011．
[33] 王起静．现代酒店成本控制[M]．广州：广东旅游出版社，2009．
[34] 汪珊珊．西餐与服务[M]．北京：清华大学出版社，2011．
[35] 陈觉．餐饮连锁集团经营管理案例与点评[M]．北京：旅游教育出版社，2013．
[36] 陈玉伟．餐饮企业连锁营运[M]．北京：中国财富出版社，2011．
[37] 匡粉前．餐饮成本核算与控制一本通[M]．北京：化学工业出版社，2012．
[38] [美]Ronald F. Cichy．餐饮卫生质量管理[M]．阎喜霜，译．北京：中国旅游出版社，2011．
[39] 林德荣．餐饮经营管理策略[M]．2版．北京：清华大学出版社，2012．
[40] 单铭磊．餐饮运行与管理[M]．北京：北京大学出版社，2012．
[41] 肖晓．餐饮管理实训教程[M]．北京：经济管理出版社，2012．

[42] 段青民．餐饮企业采购控制手册(图解版)[M]．北京：人民邮电出版社，2012．
[43] 江小蓉．餐饮服务与管理新编[M]．北京：旅游教育出版社，2012．
[44] 胡占友．餐饮酒店规范化管理操作全案[M]．北京：机械工业出版社，2014．
[45] 李焕．餐饮服务员职业技能标准培训[M]．2 版．北京：中国纺织出版社，2014．
[46] 林德山．酒水知识与操作[M]．2 版．武汉：武汉理工大学出版社，2014．
[47] 百度网 https://www.baidu.com/.
[48] 职业餐饮网 http://www.canyin168.com/Index.html.

北京大学出版社高职高专旅游系列规划教材

序号	标准书号	书　名	主　编	定价	出版年份	配套情况
1	978-7-301-19028-9	客房运行与管理	孙亮，赵伟丽	33	2011	电子课件，习题答案
2	978-7-301-19184-2	酒店情景英语	魏新民，申延子	28	2011	电子课件
3	978-7-301-19034-0	餐饮运行与管理	檀亚芳，王敏	34	2011	电子课件，习题答案
4	978-7-301-19306-8	景区导游	陆霞，郭海胜	32	2011	电子课件
5	978-7-301-18986-3	导游英语	王堃	30	2011	电子课件，光盘
6	978-7-301-19029-6	品牌酒店英语面试培训教程	王志玉	22	2011	电子课件
7	978-7-301-19955-8	酒店经济法律理论与实务	钱丽玲	32	2012	电子课件
8	978-7-301-19932-9	旅游法规案例教程	王志雄	36	2012	电子课件
9	978-7-301-20477-1	旅游资源与开发	冯小叶	37	2012	电子课件
10	978-7-301-20459-7	模拟导游实务	王延君	25	2012	电子课件
11	978-7-301-20478-8	酒店财务管理	左桂谔	41	2012	电子课件
12	978-7-301-20566-2	调酒与酒吧管理	单铭磊	43	2012	电子课件
13	978-7-301-20652-2	导游业务规程与技巧	叶娅丽	31	2012	电子课件
14	978-7-301-21137-3	旅游法规实用教程	周崴	31	2012	电子课件
15	978-7-301-21559-3	饭店管理实务	金丽娟	37	2013	电子课件
16	978-7-301-21891-4	酒店情景英语	高文知	36	2013	电子课件，听力光盘
17	978-7-301-22187-7	会展概论	徐静	28	2013	电子课件，习题答案
18	978-7-301-22316-1	旅行社经营实务	吴丽云，刘洁	28	2013	电子课件
19	978-7-301-22349-9	会展英语	李世平	28	2013	电子课件，mp3
20	978-7-301-22777-0	酒店前厅经营与管理	李俊	28	2013	电子课件
21	978-7-301-22416-8	会展营销	谢红芹	25	2013	电子课件
22	978-7-301-22778-7	旅行社计调实务	叶娅丽，陈学春	35	2013	电子课件
23	978-7-301-23013-8	中国旅游地理	于春雨	37	2013	电子课件
24	978-7-301-23072-5	旅游心理学	高跃	30	2013	电子课件
25	978-7-301-23210-1	旅游文学	吉凤娟	28	2013	电子课件
26	978-7-301-23143-2	餐饮经营与管理	钱丽娟	38	2013	电子课件
27	978-7-301-23232-3	旅游景区管理	肖鸿燚	38	2014	电子课件
28	978-7-301-24102-8	中国旅游文化	崔益红，韩宁	32	2014	电子课件
29	978-7-301-24396-1	会展策划	高　跃	28	2014	电子课件，习题答案
30	978-7-301-24441-8	前厅客房部运行与管理	花立明，张艳平	40	2014	电子课件，习题答案
31	978-7-301-24436-4	饭店管理概论	李俊	33	2014	电子课件，习题答案
32	978-7-301-24478-4	旅游行业礼仪实训教程(第 2 版)	李　丽	40	2014	电子课件
33	978-7-301-24481-4	酒店信息化与电子商务(第 2 版)	袁宇杰	26	2014	电子课件，习题答案
34	978-7-301-24477-7	酒店市场营销(第 2 版)	赵伟丽，魏新民	40	2014	电子课件
35	978-7-301-24629-0	旅游英语	张玉菲，谷丽丽	30	2014	电子课件
36	978-7-301-24993-2	营养配餐与养生指导	卢亚萍	26	2014	电子课件
37	978-7-301-24883-6	旅游客源国概况	金丽娟	37	2015	电子课件
38	978-7-301-25226-0	中华美食与文化	刘居超	32	2015	电子课件
39	978-7-301-25563-6	现代酒店实用英语教程	张晓辉	28	2015	电子课件，习题答案
40	978-7-301-25572-8	茶文化与茶艺（第 2 版）	王莎莎	38	2015	电子课件，光盘
41	978-7-301-25720-3	旅游市场营销	刘长英	31	2015	电子课件，习题答案
42	978-7-301-25898-9	会展概论（第 2 版）	崔益红	32	2015	电子课件
43	978-7-301-25845-3	康乐服务与管理	杨华	35	2015	电子课件
44	978-7-301-26074-6	前厅服务与管理（第 2 版）	黄志刚	28	2015	电子课件
45	978-7-301-26221-4	烹饪营养与配餐	程小华	41	2015	电子课件，习题答案
46	978-7-301-27139-1	宴会设计与统筹	王敏	29	2016	电子课件

如您需要更多教学资源如电子课件、电子样章、习题答案等，请登录北京大学出版社第六事业部官网 www.pup6.cn 搜索下载。

如您需要浏览更多专业教材，请扫下面的二维码，关注北京大学出版社第六事业部官方微信（微信号：pup6book），随时查询专业教材、浏览教材目录、内容简介等信息，并可在线申请纸质样书用于教学。

感谢您使用我们的教材，欢迎您随时与我们联系，我们将及时做好全方位的服务。联系方式：010-62750667，37370364@qq.com，pup_6@163.com，lihu80@163.com，欢迎来电来信。客户服务 QQ 号：1292552107，欢迎随时咨询。